我
们
一
起
解
决
问
题

懂心理学的妈妈都很了不起

[韩] 姜弦植（강현식） 著

李峥嵘 审校
金京峰 译

如何拥有健康的
亲子关系、亲密关系和
自我关系

人民邮电出版社
北京

图书在版编目（CIP）数据

懂心理学的妈妈都很了不起 ： 如何拥有健康的亲子关系、亲密关系和自我关系 / （韩）姜弦植著 ； 金京峰译. -- 北京 ： 人民邮电出版社，2021.4（2024.2 重印）
ISBN 978-7-115-55998-2

Ⅰ. ①懂… Ⅱ. ①姜… ②金… Ⅲ. ①儿童心理学－通俗读物 Ⅳ. ①B844.1-49

中国版本图书馆CIP数据核字(2021)第027215号

内 容 提 要

作为妈妈，只有懂心理学，才能真正了解孩子的内心世界；只有理清亲密关系中冲突的本质，才能了解自己内心焦虑、恐惧的根源。那么，怎么做既能提高孩子的成绩，又能改善亲子关系？如何才能让孩子愿意和父母沟通？如何防止与自己所爱的人变成仇人？为什么说人不能"太善良"？

知名心理咨询师姜弦植通过分析妈妈们在日常生活中面临的棘手和关切的问题并指出，只要我们聚焦于"关系"，这些问题就会迎刃而解。本书从亲子关系、夫妻关系、自我关系三个方面入手，同时结合弗洛伊德等心理学大师的理论观点，帮助妈妈们认识造成孩子日常问题行为的原因，看透夫妻关系的本质，消解人生中的焦虑感和孤独感，增强自尊感，拥有幸福生活。

阅读本书后，你将会发现一切都变得不一样了，许多伤脑筋的问题都会轻松化解，并且有助于你建立良好的亲子关系、夫妻关系，过上更幸福的生活。

◆ 著 [韩]姜弦植（강현식）
译 金京峰
审 校 李峥嵘
责任编辑 曹延延
责任印制 胡 南

◆人民邮电出版社出版发行　　北京市丰台区成寿寺路 11 号
邮编 100164　电子邮件 315@ptpress.com.cn
网址 https://www.ptpress.com.cn
北京建宏印刷有限公司印刷

◆开本：880×1230　1/32
印张：8　　　　　　　　　　2021 年 4 月第 1 版
字数：400 千字　　　　　　　2024 年 2 月北京第 11 次印刷
著作权合同登记号　图字：01-2020-5691 号

定 价：59.80 元
读者服务热线：(010) 81055656　印装质量热线：(010) 81055316
反盗版热线：(010) 81055315
广告经营许可证：京东市监广登字 20170147 号

"妈妈"们只有懂心理学
才能改变现实

作为一个活跃的心理学专栏作家,我时常会在图书馆、老年大学、公共机构、私企,以及小学和幼儿园等地方做各种主题的演讲。有趣的是,不管在什么场合、讲什么主题,提问环节里总有一个群体是最踊跃参与的,那就是妈妈们。

实际上,一般来说我们向别人提问时,会有很大的心理负担,因为我们从小受到的教育都是"枪打出头鸟""己所不欲勿施于人"等。尽管如此,每次妈妈们都会鼓起勇气向我提问。可是现场活动的时间有限,我没法当场彻底解决她们的苦恼和疑问,所以很多人会找到我们的心理咨询中心并申请做咨询。

那么,妈妈们的苦恼到底是什么呢?具体情况因人而异,但归纳起来大体上可以分为三大类。

第一是亲子关系方面的问题。虽然现在积极参与到子女养育中的爸爸越来越多,但大部分家庭中主要还是妈妈在承担养育的责任。妈妈们操心着子女们的心理健康、学习课业、人际关系，当然还有前途问题。只要子女们稍有落后或吃力的迹象，妈妈们就会挺身而出，千方百计帮助孩子解决问题。如果孩子年纪还小的话，妈妈便会领着孩子一起来我们的心理咨询中心。但孩子们进入青春期以后，往往会抗拒做心理咨询，妈妈们只能自己来咨询亲子关系方面的问题。妈妈们总是如此大包大揽。

第二是夫妻关系方面的问题。在子女养育问题上与丈夫存在矛盾，因丈夫不会调和婆媳关系而引发难堪，与丈夫频繁地吵吵闹闹……妈妈们常喟叹婚姻生活不幸福，甚至心生离异之念。

想要解决夫妻问题，夫妻双方应该一起来接受心理咨询，但是当妻子建议做心理咨询时，大部分丈夫都会拒绝。所以，在很多情况下，都是妻子独自来到心理咨询中心。

第三是自身的问题。妻子、母亲、女儿和儿媳等太多角色，常让她们忘记了自己是谁。此外，为什么而活、活得好不好等问题让她们困惑，与周围的人的关系让她们痛苦，没有存在感让她们沮丧，而想到未来又痛苦心烦。

这三大类问题，一言以蔽之，就是"关系"问题。对于子女的学业、前途和性格等问题，我常给妈妈们提供各种建议，其中最常提及的就是子女在与母亲的"关系"中感受到的幸福感。就算子女学习再优秀、性格再好，如果在与母亲的关系中，感受不到幸福，那子女教育就可以说失败了。

夫妻问题也如此。导致问题的根源并不是丈夫的言行，而是妻子没有在与丈夫的"关系"中充分感受到爱与被爱。自身的问题，也可以从自己与自己的"关系"、自己与外界的"关系"两个角度去考虑。不要只盯着自身的问题，而应该从自己与外界的关系角度去思考问题本质。

所以妈妈们的苦恼不该从"是谁的问题"来入手，而是从"与谁的关系"的角度去切入。

那么，怎样才能处理好"关系"问题呢？心理学家们通过长期研究，揭露了关系的秘密。关系就像一个生命体，如果我们单纯地从某个方面去理解，就很容易犯错。我们应该时刻留意自己与对方的感受，并予以小心处理。因为关系中存在"心理学悖论"，也就是说你与他人的关系也许在初期会按你的意图发展，但随着时间的流逝你也许会得到与你的意愿相悖的结果。如果不能正确理解这种结果与意图相悖的心理学悖论，你也就无从处理好各种关系了。

从这个角度来说，学习心理学是有必要的。了解了人的心理是怎样运作的，就能看清关系的本质，也能理解这种悖论。本书中的心理学知识可以帮助妈妈们洞悉自己与子女的关系、亲密关系和自我关系。希望本书能帮助妈妈们构建更幸福的生活和更健康的关系。

Nudasim 心理咨询中心
姜弦植

目录

第一部分

"读成绩单之前
先读懂孩子的心"

亲子关系篇

第一章 | CHAPTER ONE
既能提高孩子的成绩，
又能改善亲子关系的方法

/ 学习心理学

我家孩子是不是不太聪明

"你到底怎么回事儿？怎么教你都教不会。你是注意力不集中，还是太笨了？我要是你啊，不知道都拿了几个一百分了！你在学校学，在补习班也学，回家还有妈妈教，怎么越学越差呢？这叫什么事儿啊！唉，气死我了！"

茂胜是小学五年级的学生。从上五年级开始，他学数学就突然变得很吃力，所以他开始上补习班。不管是在学校还是在补习班，他从不淘气，上课还算认真，可每逢考试，成绩却不理想。妈妈觉得不能完全把孩子推给学校和补习班，让孩子有不懂的地方就来问自己。每次孩子问问题，妈妈都认真解答，但是孩子还是学不会如何自己解题，妈妈常常因此发火。

因为茂胜的妈妈从高中开始就是个放弃学数学的人，所以她下定决心，绝不能让儿子也变得和她一样。茂胜的妈妈就因为数学成绩不好没能考上自己喜欢的大学，这也成了她一辈子的遗憾。但帮孩子补习并非易事，小学五年级的数学题对妈妈也是有难度的。这也正常，小学数学以前是以单纯的计算题为主，但现在叙述型的题目越来越多了。为了孩子，妈妈拿起儿子的教科书和习题集，自己先学了起来。刚开始有点儿难，但越学越有趣。

妈妈心想："自己上学时觉得又困难又无趣，现在倒觉得很有意思。"

妈妈每天让儿子做数学习题集，学校和补习班没留作业的日子也不例外。孩子把做好的习题拿来给她检查，但每次都做错很多，卷子就像下了"红雨"似的。妈妈强压着火气，耐心给孩子讲解。一般十道题孩子会做错六七道，所以妈妈的讲解时间越来越长。妈妈像补习班老师一样在小黑板上讲解，而茂胜望着妈妈一个劲儿点头。

"明白了吗？"

"明白了，妈妈。"

孩子嘴上说明白，其实并没有听懂，当他再次遇到同类型的题的时候还是会做错。于是，孩子挨骂的次数越来越多，妈妈的压力也越来越大。可能有人会觉得就为了数学不至于出现家庭问题，但不只是数学，其他科目也不让人省心，而且除了儿子的学习之外，日常生活也压力重重。

　　妈妈在一个离家很近的单位上班，茂胜早晨上学时和妈妈一起出门。全职主妇早上可以把注意力全放在孩子身上，但茂胜的妈妈还要准备上班，根本顾不上孩子。妈妈希望孩子能自己把事情处理好，所以每天唠叨在所难免。

　　"茂胜，你只要喂饱了自己就可以出门，但妈妈要准备早餐，吃完还要收拾，还要准备上班，所以你要帮帮妈妈，知道了吗？"

　　"知道了。"

　　"那你要怎么帮妈妈呢？"

　　"我不太清楚。"

　　"妈妈告诉你。你最近早晨起来以后脸也不洗就看书，这样不对。看书之前，先要洗脸，穿衣服，把书包准备好。这样出门时就不会手忙脚乱了。要是书包都准备好了，饭还没好，你再看书。如果饭都准备好了，就不能看书了。你要赶紧吃完饭，妈妈才能洗碗收拾。你吃饭还比妈妈慢，你吃得慢妈妈洗碗的时间就晚，上班就可能会迟到。吃完饭也别傻待着，记得要刷牙。你上次去学校就没刷牙。不刷牙有口臭，同学们会讨厌你的。如果不想忘记刷牙，就要养成吃完饭马上就刷牙的习惯，知道了吗？"

　　"知道了，妈妈。"

　　妈妈教了孩子早晨起床后该做什么，孩子也说听明白了。可茂胜的记忆好像睡一觉就会被抹掉一样。第二天早晨茂胜一起来，脸也不洗衣服也不穿，又开始翻书。妈妈看在眼里，内心快要崩溃了。妈妈完全不能理解，昨晚明明说得好好的，孩子怎么又这样。妈妈不想一大早就生气发火，所以想等等看孩子能不能自己明白过来。但孩子完全辜负了妈妈的期待，于是妈妈又爆发了。

"你是脑子不好使，还是把妈妈的话当耳旁风啊？妈妈昨晚说什么了？早上起来应该做什么？你说说看！"

"对不起，妈妈，我不记得了。"

"什么叫不记得了？昨晚不都告诉过你早晨该做什么了吗！怎么还说不记得啊？你是笨啊，还是傻啊？"

"妈妈，我的脑子可能不太好。妈妈说的我都记不住，学习也学不好，早晨该做的事情也都忘光了。"

茂胜哭了起来。妈妈看着孩子满是歉意的哭脸，开始担心孩子是不是智力低下或者记忆力出了问题。妈妈为了孩子的问题，到处打听寻求帮助，最后从熟人那里拿到了我的号码，给我打来了电话。通常人们在电话里都会问一些问题，但茂胜的妈妈什么都没问，直接说电话里说起来话太长，希望能面谈。几天后，茂胜的妈妈来到我的办公室，讲完了孩子的问题，就急着提问。

"老师，您看我家孩子要不要接受智力检查呢？"

"怎么说呢，您要是实在不放心，检查一下也没关系，但我看不是智力问题。"

"不是智力或记忆力问题，怎么会这样呢？怎么教都教不会，甚至是越教越差。"

"如果是智力问题，您的孩子在很小的时候就会表现得很迟钝，您应该早就发觉了，也就不会对孩子有什么过分的期待了。还有，如果智力有问题的话，入学以后学习就会跟不上，跟其他小朋友相处也会有问题。您孩子是这样吗？"

"听您这么一说，倒不像智力问题了。他喜欢自己看书，复杂的棋盘游戏也能玩得很好，跟朋友们的关系也还不错。那到底是什么问题呢？"

不知为不知，是知也

大部分父母也都有与茂胜妈妈一样的苦恼。父母反复说、反复教，但孩子不知道是怎么了，每次都听不懂。一来二往，父母们最终都会忍不住发脾气。不只是学习，日常习惯或行为上也是如此。

"到底要怎么说你才能听懂？"

"你怎么那么不听妈妈的话啊？"

"到底说几次你才能明白？"

这些话表达的都是同一个意思：重复教了这么多次怎么还听不明白，怎么还做不对。这种让人莫名恼火的事情不只发生在父母和子女之间，在学校里也常常出现。

学习的悖论

很多孩子上学前常被人夸聪明伶俐，可上了学以后就开始没那么机灵了。父母为了扭转这种局面，就会送孩子去上一些补习班。他们觉得孩子学习跟不上是因为学得不够，所以就让他们投入更多时间和精力学习。但结果怎么样呢？在学校学完，又在补习班学，就能学得更好了吗？适得其反，常会出现更差的结果，这就是越学越差的悖论。

但也不是所有人都会陷入这种悖论中，有些人就能越学越好，当他们能享受学习中的乐趣时，就更想学了。尤其是在那些年轻时想学习却没有机会的老人当中，这种情况更常见。

经常有老人说："我以前想学也没法学。父母说肚子都填不饱还学什么学，所以学校也没上，就在家做农活儿了。那时候看到背着包袱去上学的孩子们，不知道有多羡慕，还经常骗爸妈说要去山里打柴，然后就偷偷跑到学校，蹲在教室窗户外偷听。多亏了那时候的偷学，我现在虽然没什么文凭，但还是能读能写的。"

老一辈为了学习瞒着父母偷偷去学校的这种行为和求学之心，现在的孩子们肯定是理解不了的。现在没人会不让孩子上学，也没人会说读书没用。大家都觉得上学是理所当然的事情，甚至现在上学都成为法律义务了。如果有父母无故不让学龄儿童上学，就要被罚款100万韩元。但据说这种情况一次都没有真正发生过。换句话说，没有人会抵制教育。那些想学却没机会学的老人们，太羡慕赶上好时代的孩子们了。

他们常说："要是我出生在这个年代，肯定会通过认真学习考上首尔大学，然后在首尔大学无忧无虑地学，再考个博士出来。可现在的孩子们不学习，也不喜欢学习，简直没法理解。"

元认知是学习的钥匙

但话说回来，如果这些老人们赶上了人人都能上学的时代，真就能认真学习吗？再反过来想，如果现在的孩子们出生在以前，赶上那些觉得学习没用只让自己干农活儿的父母，他们还会讨厌学习、不肯上学吗？肯定不是这样的。我之所以这么笃定，是因为我知道我们的心理运行的模式。

过去因生活困难，人们并不重视学习，但学习和认知的欲望反而更强。这不仅是因为不识字就找不到好工作，而且是因为学习本身就是日常生活无法给予的难得的快乐。那时候书都很少见，更别提什么电视、手机和电脑等电子产品了。孩子们每天在山野间奔跑玩耍，再帮父母做一些辛苦的农活儿，这就是他们生活的全部，他们也完全无从得知外面的世界是什么样子的。在这种情况下，学习是改变的机会、是新鲜的体验，更是一种遥不可及的特权。对当时的人来说，学习所需的一切都已经准备就绪，就差一个机会了。

现在又怎么样呢？小学和初中是义务教育，无论是谁都必须无条件上学读书，学习再也不是特权了。学习也没什么动机和目的了。大部分学生并不知道为什么要上学，他们甚至都没想过自己是否想学，只知道要照着不知道是谁编好的教育课程，学着自己并不想了解的内容，要背诵、要考试。可想而知，他们似乎还没有做好全身心投入学习的准备。

为什么要学、该学什么、自己知道什么、不知道什么、不知道的又该怎么学，认识到这些问题，并在心理上做好准备，就是心理学家所说的"元认知"（metacognition）。元认知也就是"对认知的认知""关于知识的知识"。

元认知是学习的钥匙。能运用元认知的学生就能打开学习的大门。相反，如果不懂得运用元认知，就算再努力，学习之门也不会为他打开。这就是学习悖论出现的决定性原因。

元认知带来的差距

坐在学校的教室里听课的学生，可分成两大类：一类是启动了元认知的学生，另一类则是没启动元认知的学生。启动了元认知的学生，已然做好了学习的准备。这类学生会对今天要学的新内容有强烈的好奇心，在学习的过程中也能分清哪些内容自己理解了、哪些没理解。其中，"明确知道自己不知道什么"是元认知的核心。只有知道自己不明白哪些内容，才能去问老师或同学，或者自己去图书馆查资料。像这样可以主动学习的学生（即启动了元认知的学生），不仅可以自觉自愿地学习，还能把自己的所学所知传授给他人。

相反，没有启动元认知的学生，则对学习没有任何期待。这类学生对今天要学什么不关心也不期待，对于为什么要学也没有自己的答案。他们在学习过程中虽和优秀学生相比会有差距，然而只要有基本的理解力和背诵能力，也能接收和理解老师传递的信息，但也就仅限于此了。他们并不清楚自己不知道什么，所以也就不会认识到进一步学习有什么必要性。同时，因为他们不清楚自己知道什么、不知道什么，也就没法把自己的知识传授给别人。

有很多人认为想要学习好，只要脑子好，也就是所谓的智商高就可以了。智商当然与成绩有很大关系。智商是对基础知识、理解力、记忆力、空间感知能力、计算能力等方面进行综合测量而得来的。个体习得了基础知识，再配上出色的理解力、记忆力、空间感知能力、计算能力等，智商就高，学习自然就更得心应手。

研究表明，智商的贡献占成绩的25%，但心理学家们却发现元认知的贡献占成绩的40%！有趣的是，智商是天生的，无法靠后天努力提升，而元认知却是可以后天发展的，而且与智商和年龄等无关。

"我生错了时代，没受过什么教育。为了弥补这种遗憾，我到现在还在学习。我自己读书，也经常去听终身学习的讲座。如果听讲过程中，有什么不明白的，我就会问老师，或自己翻阅书籍。学习很快乐，越学越上瘾。"

就像上面这段话所说的，有很多人都没有放弃学习。起初只是因无知而感到羞愧，想多知道一些，才开始了学习，但后来就被学习的乐趣征服了。虽然成年人不像孩子学得那么快，而且还容易遗忘，但他们可以愉快地坚持下去，正是因为有了元认知。

颠覆了课堂的元认知

在韩国，教育界现在对公立教育的崩溃很是担忧。是不是觉得用"崩溃"这种词有点儿危言耸听？如果不清楚最近学校的一线状况，读者这么想也很正常。

一直到 20 世纪 90 年代初，公立教育仍是私立教育完全无法企及的教育主体。私立教育办得再好，也只是公立教育的补充手段，公立学校仍然是教育的中心，对学生最有影响力的仍是公立学校的教师。以至于，父母为了教育不听自己话的孩子，还要拜托班主任替自己管教孩子。

但最近公立学校的教师已不再是影响学生和家长的核心角色了。父母找到学校，说老师对自家孩子不公，甚至对教师使用暴力，这种事情都已经算不上是新闻了。最近反而是补习班的老师得到了更多的认可和尊敬。私立教育已不再是公立教育的补充手段，而逐渐占据了教育的中心地位。公立教育会针对多数学生制定教育目标，这就导致学习好的学生对课程失去兴趣，学习不好的学生充满了挫折感。但私立教育却用多样化的标准，照顾到学习水平不同的学生们。公立教育俨然成了私立教育的补充手段，而公立学校已然沦落为学生们完成补习班作业的地方。

　　这种公立教育的崩溃，从小学到高中，越到后面越严重。换作以前，教师不惜动用体罚手段，也会把孩子的注意力拴在课堂上，但这种手段现在已经行不通了。同时，教师又不能不讲课，这就导致教师自顾自地讲着学生不愿听也不会听的课。这就是当前公立教室里的尴尬现实。教师当然会想各种办法，期望吸引学生参与到课程中来，但这对已经失去学习热情的学生收效甚微。

　　就在这个束手无措的时候，基于一个偶然的机会，美国创造了一种划时代的授课方法，彻底扭转了局面。这就是翻转课堂（flipped classroom）。

翻转课堂

　　美国科罗拉多州某高中的两位教师，为那些经常缺课的体育队学生，把课程内容做成视频课件放到了网上。体育队的学生们为了不辜负老师的辛劳，都很认真地一边看视频一边学习。

　　这些视频带来了意外的收获。不只是没能来听课的体育队学生，连那些听了课的学生也都利用这些视频补习课堂里错过的内容，或拿来复习。教师们根据这些视频，一边检讨传统的上课方式，一边苦思更有效的学习方法，最终提出了叫作"翻转课堂"的授课方式。

以往的授课方式是学生先在课堂里听老师讲课，然后回家做与课程内容相关的作业。与之相反，翻转课堂却要求学生们先在家里看完视频中的课程内容，真正到了课堂上学生们则需要根据已经熟悉的内容进行分组解题或做项目课题等。从某种角度来说，整个学习氛围更像是在家听完课再到学校做作业。因为活动都是要分组进行的，所以对课程内容理解得比较透彻的学生，会向没看过视频或看过了视频但没理解的学生进行讲解。教师在整个过程中只起到协助的作用。

传统的课堂需要肃静，因为教师要让所有学生都听到自己说的话，只要有一两个人不守纪律，就毁了整个课堂的安静氛围。所以，一般教师都是一再向学生们强调要肃静。以往当学校仍是教育的中心时，大家还都会认真听讲，但当学校逐渐被挤出了中心位置后，学生们在肃静的课堂氛围里，就会选择睡大觉。

然而翻转课堂的上课时间从不会安静。教师和学生们要互相提问，要通过分组讨论完成课题，所以课堂非常热闹。但这没什么，因为在这种课堂上学生并不需要听讲。热闹的氛围反而吵醒了平时趴着睡觉的学生，并让他们也参与了进来。就算下课铃响了，还没完成课题的小组仍会激烈地讨论，继续研究他们的课题。

从被动学习转变为主动学习

有些人认为教育就是从教师那里获取更多知识，所以会质疑翻转课堂的效果。因为在翻转课堂中，学生在上课前看的视频只有不到十分钟的内容，质疑的人们认为只听这一点内容，大部分上课时间都用在了讨论和做课题上，所以谈不上学了多少知识。的确，比起传统方式，翻转课堂里老师传递的知识从量上是减少了很多。那用这种方式，也能提高学生的成绩吗？

为了解答这样的疑问，韩国 KBS 的纪录片《21 世纪教育革命——寻找未来课堂》的制作团队，在釜山的一个初中以自愿的教师们为核心，实施翻转课堂，并验证了其效果。结果，共有 85% 的学生通过上一学期的翻转课堂，大幅提高了考试成绩。

翻转课堂的效果还不只是成绩的提升，课堂氛围也变得异常活跃，而这正是教师们一直以来梦寐以求的。学生不再是课堂的旁观者，而是共同缔造课堂的主体。以前只会被学生们拿来玩游戏的手机和电脑，现在也被用来学习、看课程视频、搜索资料了。翻转课堂真正翻转了整个课堂。

这种变化是怎么发生的呢？答案正是我们在前文中说过的元认知。传统课堂中因为学习主导权在教师手上，所以元认知很难被激发，学生只是被动地听、机械地写，这种状况下，学习效果不可能理想。学生们对学习没有期待，也没有好奇，他们不知道要怎么学,更不知道学了以后能用在哪儿。他们听着老师流畅的讲解,误以为自己理解和学到了相关知识。

但是在元认知被激发的翻转课堂里,学习的主导权在学生手里。哪怕只提供少量的信息,学生们也会通过自学习得更多的内容。所以,翻转课堂才会有这么惊人的效果。严格来说,颠覆课堂的不是翻转课堂,而是元认知。

停止单向学习

可能有些人认为即使不是像翻转课堂这样运用了元认知的学习方式,而是像传统课堂那样以单向讲课为主的学习方式,就算效果差一些,也总比不学要强。换句话说,就是"无本生意,包赚不赔",能学多少就算多少,最差的情况下就算是什么都没学到,也没损失什么。但事实并非如此,你会因此而付出许多代价。因为不运用元认知的学习,即"被动学习",会搅乱你原有的知识体系。

认知心理学把人类的知识体系称为"图式"(schema)。图式有自己的框架,一旦有新的知识摄入,所有知识就会按照这个框架被分类整理。我们可以把图式想象成一座图书馆,里面的书籍按领域和种类被整理得井然有序。如果图式是一座图书馆,那么新知识就是新的馆藏图书,元认知就是图书管理员。

不是一本万利，而是一赔到底

图书管理员清楚地知道图书馆里有什么书、缺什么书。所以，图书管理员可以购入缺少的书，加购出借率高的书。当有新购入或用户捐赠的书籍到达时，管理员会按既有的分类进行整理。因此，当用户需要某书的时候，管理员就可以轻松找出那本书。

但是，没有管理员的图书馆会怎么样呢？政府曾在某些地铁里为市民设立简易图书馆。这些简易图书馆刚开放的时候，虽藏书不多但井然有序。随着时间的推移，各类书籍被胡乱摆放在与分类无关的位置上。小说也许出现在科学分类里，而科学书籍可能被放置在人文分类中。如果只是原来的书籍，倒还好。但来来往往的乘客们会把家里不看的图书随意摆放在图书馆内。久而久之，人们已经分不清这里是图书馆还是废纸收购站了。虽然书越来越多，但人们越来越难找到自己需要的那本，这又成了一种悖论。

所以说，不运用元认知的学习，并非一本万利，而是一赔到底的。学得越多越混乱，甚至连原有的知识都会受到影响，出现越学越无知的怪象。因此我们常会看到一些学得杂而不精的人，或者到处被动听讲座的人，这些人看似接触了很多知识，思维却很混乱。

我们说被动学习是亏本生意的另一个原因，就是其结果远远达不到最初的期待。我们投入了大量时间、金钱和精力，如果没有对应的产出，那当然就是亏本生意了。而学习不可能是亏本生意。

父母送子女去补习班，当然是期待子女的成绩能有所提高。子女的立场肯定也是如此。假设子女在补习班里没有好好听讲，而是每天趴着睡觉。此时，补习班的单向授课和学生的被动态度，对原有的知识体系没有产生任何影响。将此再次比喻成图书馆的话，就是既没有人捐赠书籍，也没有新购入的书籍。

从客观上讲，补习班的效果就是无增也无减。但是，父母投入了金钱，子女投入了时间和精力，而得到的成绩与上补习班之前无异，那不就是亏本吗？投入与往常一样，成绩也与往常一样，那是不赔不赚。但如果比往常更用心更努力，但成绩仍和往常一样，那就是亏本。

开发你的元认知

元认知并不局限在学习上。不管是学习还是工作，抑或是业余爱好，都可以运用元认知。在某个领域有突出表现，或有开创性贡献的人都有出色的元认知。因此，不管处于哪一年龄段或从事什么领域，都有必要开发自己的元认知。那么，要怎么开发自己的元认知呢？为了便于理解，下面我们仅就学习领域进行说明。

想要开发元认知，首先要明确学习的原因和目的，这样才有动力。以前只要能读能写，就算高级人才，就能找到好工作，所以人们学习的原因很明确。只要原因和目的明确，不管学习的过程有多苦多艰难，我们都能坚持下来。

那么能有哪些原因和目的呢？比起通过学习得到的结果，学习本身带来的快乐，有时候是更明确的原因和目的。无数前人投身到自己的领域专心研究学问而不问结果，其原因并非为了得到谁的认可或褒奖，只是因为过程本身就很令人愉悦。如果学习本身就很让人愉快，那就不会出现学习悖论了。

给学习赋予原因和目的的另一个办法就是把握知识的脉络。大部分知识都不是凭空诞生的，而是人类长期以来为了解决各种问题思考、整理和发展而来的。这些知识不断积累并传播，到了现在，很多知识已经变得异常复杂，都让人忘了当初为什么需要这些知识了。可人们一谈到学习，不管三七二十一，就是要先背诵。

一个小学二年级的学生学习九九乘法表时，直接让他背诵和先与他讲明乘法表的用处再背诵，得到的结果完全不同。现在回想起来，上学时老师解释过知识脉络的课都会很有趣，也能让人听进去。所以教孩子，不应该粗暴地说"你就背吧"，而应该解释为什么需要这些知识，这些知识又是经历了哪些过程产生的。说清楚了脉络，学习自然就有了原因和目的。

想要开发元认知，第二点要做的事情就是停止单向学习。

很多人认为自己不懂的东西就需要找知道的人来教，所以就一直想听别人讲。父母送成绩差的学生去补习班，也是基于同样的理由。他们以为如果在学校听了一次没听明白，去补习班再听一次也许就明白了。所以很多人习惯一直听。有趣的是，人们听久了就真会觉得自己懂了。但这不过是错觉而已。听别人讲，只能让我们理解而已，并不能让我们完全掌握。如果想确认自己是否真的明白，就试着讲解一下看看。如果能讲明白，那就是真的明白了，不然就只是错觉而已。

当然，单向的传授，并不都是坏的。只是，单向的传授要控制在绝对必要的最低限度内。我们再看一下翻转课堂。初中一般一节课是 45 分钟，高中是 50 分钟，而翻转课堂要求把视频内容控制在 10 分钟以内，也就是只讲最核心的部分，因为学生可以通过提问或参考书籍等材料自己获取其余部分。

开发元认知的第三个要点，就是要表达自己的想法。之所以说翻转课堂的成功要归功于元认知，是因为翻转课堂采用了分组活动。学生在课堂里不再是独自听讲、默默点头，而是在与朋友们一起解决问题的过程中，把自己理解的内容讲给别人听，这样就能明确区分自己知道和不知道的部分。而开发元认知最核心的方法，就是区分这两者。单向的听讲，会产生自己明白了的错觉，而向他人讲解的过程却能让人意识到自己的无知。

表达自己的想法与讲授知识时，能得到的另一个好处就是增强记忆。人们常误以为学东西就是把外部的信息植入自己的大脑里，背诵（rehearsal）当然也就成了人们的首选。背诵固然能增强记忆，但更有效的方法是把大脑中的知识与想法提取出来。

当然，从前完全不懂的知识肯定是要学习的。必要的时候还免不了要背一两次。但与其重复背诵，不如向别人讲解，或者通过模拟测试等方式，把大脑里的知识翻出来，这样能将知识点记得更牢。

实际上，认知心理学家们已经找到证据证明，越是把某类信息从长期记忆中翻出来，越有利于把该信息存到长期记忆中。比起反复背诵，用语言表达出来，在处理信息的过程中会消耗更多精力，也就表明该信息被更细致地处理过了。

生活中常有一些事情是没有刻意去记却印象深刻，而有些事情则是怎么记也记不起来。这取决于当初信息是轻松被个体处理了，还是耗费了很多能量。耗费越多的精力，个体越感到疲惫，但我们的精神和身体肌肉一样，越用越发达。

我们来比较一下学母语和学外语的过程。学母语时，输出明显比输入多。刚开始，婴儿听了很多次父母的正确发音，也不能发出完全正确的音。但通过不断咿咿呀呀地发声，婴儿很自然地就学会了母语。但学外语又是怎样的呢？人们会怕自己失误，所以在完全有把握之前就只是听，不肯发音。就算照此学了 10 年，仍然是哑巴外语。所以说，输出比输入多，才能记得更牢。

既能提高成绩又能改善关系的方法

我解释了元认知的作用，茂胜妈妈听完点了点头。整个过程中她的表情看着有点复杂，似有各种情绪交织。大概是为自己之前常和儿子发火而懊悔，也苦恼着未来该怎么办。果然，元认知的话题刚结束，她就迫不及待地向我提问了。

"那么老师，我该拿我家孩子怎么办呢？"

"我不是刚跟您讲过培养元认知的三种方法吗，您能说说看还记得哪些吗？"

"啊？哦……我说吗？嗯……还是您来讲吧，我记性不是太好……"

茂胜妈妈的脸上满是隐藏不住的慌张，大概是因为我的反应超出了她的预想。我倒不是有意刁难她，只是我想，要教她培养元认知的方法，当然不能用单向教授的方式，而要用元认知的方式。

"您现在是有点儿慌吧？"

"是啊。"

"这也正常。有人提问时，很多专家都会直接给出答案，但这种方式很可能会使人们陷入学习悖论中。见过专家，了解了好的方法，但回到家里又感觉什么都没学会，甚至觉得比之前还要困惑。"

"啊，对的，老师，真是这样。不瞒您说，我为了养好儿子，听了各种面向父母的教育讲座，也读了不少书。刚开始听讲座或读书的时候，还自信满满，觉得自己一定能把孩子养育好。但在育儿过程中想将这些知识实际应用起来却很困难，而且接收到的信息越多，脑子就越乱。"

"我也经常开讲座，很多人都和您一样，说听得越多越糊涂。"

"还有，我们单位每个季度都会向外部专家进行业务咨询。听那些专家讲的时候，觉得都听懂了，感觉也能应用到工作当中。可当回到岗位时，真想把听到的内容运用起来，却什么都记不起来了。我还一直以为是自己脑子不好，看来我也是陷入了学习悖论中啊。"

"是的，大部分人都以为听完理解了，就算学会了。那么，您现在能说说培养元认知的方法有哪些吗？您想起多少就说多少，没记住的地方，我会在旁边帮您回忆的。"

茂胜妈妈一边摸索着记忆，一边讲了起来。讲的过程中，有记不得的地方，她会主动向我寻求帮助。每当这时候，我就提供一些信息和线索。最终，茂胜妈妈自己整理出了培养儿子元认知的方法。

① 和儿子面对面说清楚学数学的原因和目的，还有早晨要

快点儿做好准备的原因和目的。尤其是数学，不要直接就开始做题，应该把焦点放在每个单元的内容与我们日常生活的关系上。

② 尽可能不送儿子去数学补习班，但要给他自主选择的机会。在学校能从老师那里学到重点内容，如果错过了重点内容，就让孩子通过在线学习网站听取必要的内容。对于早晨要做的事情，停止机械性的反复唠叨。

③ 让儿子解说自己理解的数学原理。解题时如答错，妈妈也先不要急着讲解，先让孩子说一下解题过程。对于早晨要做的事情，让儿子自己整理一份清单。

有些记不得或者不太通顺的部分，我多少帮了她一点忙。但不管怎么样，茂胜妈妈还是自己整理出了对待儿子的具体办法。整理完之后，茂胜妈妈的表情看起来也明朗了很多。

"您看起来心情好多了。"

"是啊，老师，我现在有点儿懂了。老师您刚刚就是在我身上应用了培养元认知的方法啊。虽然有点儿吃力，但是我检查了我遗漏的部分，然后回想着您之前说过的内容，说出了应用的方法。这么一来，我就知道该怎么对待儿子了。不仅是靠脑子记，而且靠真实的经验理解了。真的很感谢您。"

"您能这么说我也很开心。回去后您可以与儿子一起实践这套方法，您会发现不只是学业和生活习惯会越来越好，您与儿子的关系也会变得越来越好。"

　　为了不让自己陷入学习的悖论中，我们都有必要培养元认知。

本章要点

▼ 有人越学越会，有人则越学越不会。他们之间的差异在于是
否应用了元认知。

▼ 元认知是"对认知的认知"，是"关于知识的知识"。

▼ 应用元认知的典型例子是翻转课堂。在翻转课堂里，学生会
成为主动的学习者。学生听完 10 分钟的课程后，会不断与
同学们分享知识，并一起解决问题。

▼ 与智商（IQ）相比，元认知对成绩的影响更大。

▼ 如果把我们的知识体系比喻成一座图书馆，那元认知就是图
书管理员，书籍就是知识。没有管理员的图书馆中，书越多
就越乱。同样，缺乏元认知的知识摄取，有百害而无一利。

▼ 想要开发自己的元认知，就要知道学习的原因和目的，要停
止单向的学习，要表达自己的想法。

▼ 元认知不仅可以应用于学习上，还可以应用于生活的方方
面面。

第二章 | CHAPTER TWO

赞扬能让鲸鱼起舞，
激励却会让鲸鱼回归大海

/ 赞扬心理学

赞扬真能让鲸鱼起舞吗

美国著名的咨询专家、作家肯·布兰查德（Ken Blanchard）的著作《鲸鱼哲学》（*Whale Done*）是世界级的畅销书籍，在韩国也很受追捧。我知道能成为畅销书有多不容易，所以我会把与心理学相关领域的畅销书籍都找来拜读一下。书籍之所以能畅销，不就是因为给人们带来强烈的信念和感动吗？我自己的工作就是通过文字与大众沟通，所以我通常对这种书充满期待。

但是对于这本书，我很长时间都提不起兴趣来读。我一直提醒自己要读，但不知道为什么就是很抗拒。大概其原因就在于书名。对于赞扬，还有跳舞的鲸鱼，不懂心理学的人有可能会被书名吸引，但对于心理学家，书名传递的信息显而易见。

书中的内容大概就是善用赞扬的话让鲸鱼都可以跳舞吧。

可为什么要让鲸鱼在水族馆里跳舞呢？鲸鱼不应该是在海里自由自在地生活吗？

虽有这种想法，但最终我还是说服自己读了这本书。我也不想没读过就凭感觉给一本书盖棺定论。书不厚，读起来也不费劲，因为书中内容不是按讲解心理学理论的方式组织的，而是用讲故事的方式。全书以故事中的主角的经历为例，很好地说明了赞扬的力量。

故事中的主人公韦斯是一名企业高管，无论是在公司还是在家里，他都为处理不好人际关系而苦恼。他既想维系好与他人的关系，也想把业务做好，但诸事不随人愿。某天他去佛罗里达出差，在那里看到了海洋公园里的虎鲸表演。体重超过三吨的虎鲸，随着驯兽师的指示跳跃翻转，就像在跳舞一样。韦斯着实吃了一惊。这是怎么做到的呢？

为了解答心里的疑问，表演结束以后韦斯找到了虎鲸驯养师戴夫。戴夫的回答简单明了。他说他只把注意力放在虎鲸跳舞所需的动作上，这些动作出现时，他奖励虎鲸饲料。如果虎鲸做了其他动作或者失误了，他并不会惩罚虎鲸，只会无视而已，虎鲸的那些错误动作就会慢慢消失。

在职场和家庭中，本就因人际关系而苦恼的韦斯，想知道这套理论能不能用在人际关系上。戴夫给韦斯介绍了自己的朋友——咨询师安妮·玛丽亚，说她能给韦斯提供实质性的帮助。于是，韦斯去听了安妮·玛丽亚的讲座。

安妮·玛丽亚在演讲中通过比较"做得好反应"（Whale done response）和"逮到你了反应"（Gotcha response），说明了赞扬的力量。安妮·玛丽亚说的"做得好反应"就是发觉他人做得对的行为并赞扬对方，而"逮到你了反应"就是揪住别人的错误。她解释了大海中最恐怖的捕食者为什么能按驯兽师的指示跳舞，并强调说在职场和家庭中通过赞扬给予他人动力，就能让人际关系变好。

讲演结束以后韦斯单独与安妮·玛丽亚见面，倾诉了自己的苦恼，并得到了很多有益的建议。此后，韦斯在与家人一起去佛罗里达旅行的过程中，用赞扬修复了以往紧张的家庭关系。后来用同样方法修复了职场人际关系。

这本书的英文全名是"Whale Done！ The Power of Positive Relationships"，其中"Whale Done"源于赞扬别人把事情做得漂亮时说的"Well Done"，所以书名的意思是"鲸鱼都做到了：积极关系的力量"。

赞扬能让鲸鱼都跳起舞来，所以作者力劝大家在家庭和职场上多使用赞扬的沟通方式。具体来说，就是不应该平时漠不关心却在对方做错时责备人，做出"逮到你了反应"，而应该在别人做对时赞扬别人，做出"做得好反应"。这种观点当然没错，书中提到赞扬的 10 条戒律也都很有建设性。即便如此，这本书仍然让我觉得不舒服，因为整本书弥漫着一种基调，就是赞扬可以操控他人。

书中有个小标题——"赞扬不会背叛你"。但真是这样吗？赞扬一定会往好的方向发展吗？赞扬越多对方就能做得越好吗？事实并非如此，赞扬不会单纯地只带来愉悦的结果。赞扬有积极的效果，也有反效果。也就是说，赞扬能让人做得更好，但同时也有可能毁掉对方。

"赞扬"是另一种"饲料"

在说赞扬的反效果之前，我们先来看看赞扬的正向效果。

想要理解赞扬对行为的影响，首先要了解行为主义学派（Behaviorism）。行为主义主张心理学不应该研究看不见的意识，而应该专注于研究可观察的行为。行为主义认为如果把不可见的意识当作研究对象，就无法获取物理证据，那心理学就变得与哲学无异了。就像自然科学家们只研究具体的物质一样，心理学家也应该只研究具体的行为。

行为主义心理学家们发现，人类和动物等生命体通过与外界不断相互作用，会增加或减少某种行为。例如，箱子里的老鼠偶然按下控制杆，如果稍后有食物掉到餐盘上，那么此后老鼠按下控制杆的概率会增加。单独一次的经验当然不够，但通过试错和反复尝试，就能学到行为和食物之间的关联性。虎鲸表演就利用了这种原理。

这不只限于动物。如果把一个手机交给三四岁的幼儿，过不了多久幼儿就能熟悉使用方法。幼儿可以自己学会手机的使用方法，与其说是记忆和推理等认知能力出色，倒不如说是反复学习的结果。也就是说，当幼儿按下某个按键时，会触动屏幕亮起或变暗等特定功能，通过试错和反复尝试，幼儿就能学到操作行为和手机功能之间的关联性。不只是孩子，大人也是如此。购入新的机器或产品时，人们不需要照着说明书认真学习，通过试错和反复尝试，也能学会运用功能和操作方法（见表 2-1 ）。

表 2-1　行为与外部刺激

有机体的行为	外部刺激
老鼠按下控制杆	饲料
虎鲸跳跃	饲料
按手机按键	屏幕变亮 / 变暗

行为主义把有机体学习自身行为与外部刺激间关联的现象称为 "联结"（association ）。如果外部刺激增加了有机体的行为频率，则把这个刺激称为 "强化物"（reinforcer ），因为这强化（使之变强）了行为和刺激间的联结。强化物分为初级强化物、次级强化物和社会性强化物。

初级强化物会刺激感官，不需要经验或者学习，像食物、水、温柔的触感等。初级强化物不管是对人还是对动物，无论年龄或性别，不分时代与人种差异，都可以适用。就像前面提到的老鼠按控制杆或虎鲸跳跃时得到的饲料，还有按手机按键时屏幕变亮／变暗，都属于初级强化物。

次级强化物是通过经验习得其价值的刺激。次级强化物刚开始虽起不到强化作用，但之后通过经验就能成为强化物，最典型的就是钱。

如果刚学会走路的周岁婴儿每次笑的时候我们都给他糖吃，他以后笑的概率将会增加。此时糖就是初级强化物。如果把糖换成纸币，婴儿接过去以后，马上就会对纸币失去兴趣。对孩子来说，钱只不过是纸片。所以，婴儿笑的时候给他钱，并不能增加他日后笑的概率。但是等他长大一点后，通过用钱买糖吃的经验使他学习了钱的价值，结果就不同了。这时候再用钱强化他的笑，他会笑得特别欢。

强化职场人上班行为的钱、强化学生学习行为的成绩等，都是次级强化物。此外，玩具、奖牌和奖状等各类奖品都属于次级强化物。

社会性强化物是从他人那里得到的反应，主要是心理上的。需要从他人那里获取的东西，如赞扬、关心与认可、亲密感、爱情等，如果可以增加某种特定行为，就可以成为社会性强化物。

如果像《鲸鱼哲学》中写的那样，当包括公司同事和家人在内的周围人做了正确行为时，为其提供赞扬作为社会性强化物，那对方就会努力做更多正确行为。这么说来，赞扬岂不是一切问题的完美答案吗？有部分心理学家也会这么想。但我要说，他们并没有正确理解行为主义。

当赞扬成为惩罚

行为主义心理学家们认为，从严格意义上讲，饲料、金钱或赞扬并不能被视作强化物，因为想要知道某个刺激是不是强化物，就必须先确认该刺激会不会增加特定行为。

实际上，在不同情况下，某种刺激可能对特定行为不产生任何影响，甚至有可能减少这种行为。这时候就不能把这种刺激称为"强化物"了。重要的不是刺激本身的属性，而是得到刺激的时候行为是否增加。例如，假设一名高中生在上学路上拾起丢弃在路上的废纸，一周捡5次。留心观察了一阵的老师会夸奖他："真是个好学生，你捡起了路上的垃圾，做得很好！"

此后老师也夸了他多次。如果这名学生得到赞扬以后，每周捡垃圾的次数增加到6次，那老师的赞扬就是强化物。赞扬能让学生捡垃圾！

但是，如果得到赞扬以后，捡垃圾的行为并没有增加，那赞扬就不是强化物了。如果得到赞扬以后，捡垃圾的行为反而减少到一周4次呢？这时候赞扬就成了强化物的反义词——惩罚（punishment）了。

一说到惩罚，很多人就会想到体罚，但这是两个概念。体罚是通过暴力增强肉体上的痛苦，而行为主义所说的惩罚会减少行为频率的刺激。

如果说赞扬不是强化物，而是惩罚，可能一时很难让人理解，因为大家都认为赞扬对谁都是好的。但其实有时候赞扬会让人感到不悦或引发负面影响。例如，如果学生非常讨厌老师，就完全有这个可能。试想，每次学生捡垃圾的时候，就有个他非常讨厌的老师跑过来夸他，那学生会怎么想？

他可能会想："他以为自己是谁啊，还来夸我，太影响心情了。他是一直在观察我捡废纸吗？唉，太讨厌了。"

当然，我们无法准确地知道学生到底是怎么想的。但行为主义本就只重视可观察到的行为，所以他想了什么并不重要。如果赞扬导致行为的减少，那赞扬就是惩罚。

在不同的情况下，笑声或笑容可能是强化物，也可能是惩罚。对大部分人来说，笑声或笑容肯定是社会性强化物。例如，你开了个玩笑，结果朋友笑了。如果这让你以后开更多玩笑，那朋友的笑就是社会性强化物。但是有一天，你听到这个朋友和别人说："那个谁吧，总以为自己特别逗。刚开始虽然觉得很荒唐，但怕他难堪，我就笑了笑，结果他还来劲了，不停地开一些既无趣又无聊的玩笑。唉，太烦了。"

有过这样的经历以后，朋友笑得越大声，你就越不想开玩笑了。不只是玩笑，连话都会变少。如果类似的事情反复发生，会怎么样呢？你很可能逐渐就不太喜欢在人前说话了。这种情况下，别人的笑就成了惩罚。

很多大家本以为是强化物的事物，会产生惩罚作用。同时，大家都以为是惩罚的事物，也会产生强化效果。比较有代表性的就是嘲笑、挖苦、指责和忠告等话语。对很多人来说嘲笑和挖苦是惩罚，但对某些人来说却是强化物。

归根结底，重要的不是刺激本身的属性，而是刺激的结果。换句话说，即便是好的事物，如果导致了行为的减少，那就是惩罚，坏的事物增加了行为就是强化物。所以行为主义者都不用奖励（reward）这种词，因为奖励强调的是刺激本身的属性。

赞扬并不是强化积极行为的万能药，我们也不能断言赞扬不会"背叛"我们。在有些情况下，赞扬可能导致积极行为的减少。使用赞扬时，如果积极行为增加了，赞扬就成了强化物，那当然应该多赞扬。如果事与愿违，积极的行为减少了，那赞扬就成了惩罚，应该立刻停止。可见，赞扬会产生与人们的初衷相悖的效果。

为什么越夸成绩越差

"好机灵，你头脑真好啊！"

"你帮了弟弟啊，真是个好孩子。"

"这次又拿第一了？好厉害。"

"果然，你做什么都很厉害。我为你骄傲。"

"你今天表现很出色啊，你最棒了。"

这些是我们在日常生活中最常听到的赞扬。听到这样的赞扬，理应做得更好才对，但相反赞扬往往会让人表现得更差，事与愿违。原因有三：

第一，得到的赞扬越多，就越会对评价感到焦虑；

第二，兴趣和热情会骤降；

第三，赞扬是以结果为导向的。

"下次做不好该怎么办？"

我们先来看看评价是如何让人焦虑的。

赞扬是以对方的行为做得对或做得好的评价为前提的，而评价是有标准的。什么标准呢？这个标准不是超越时间和空间的绝对标准，而是一个相对标准，就是要比同一时间和空间内的其他小伙伴或周围的人更出色。当个体因比他人出色而得到认可和赞扬时可能会很开心。但是，如果以后还想得到这种认可和赞扬，就要保持良好的表现，这就很容易使他受到期望的压迫。有些人喜欢这种压迫，但大多数情况下这会成为一种压力，这会使个体因担心自己得不到好的评价而陷入评价焦虑中。

比较有代表性的例子是学习好的学生。学习好，大体上意味着比别的小伙伴的成绩更好，而这不是只靠自己努力就可以达成的，要超越他人，才算学习好。但每个人都希望自己学习好，很多学生为了得到好成绩都在努力学习。不管自己有多努力，只要别的学生做得更好，自己的希望就会落空。所以越是学习好的学生，越会感到不安，越容易陷入评价焦虑中。这样的评价焦虑不仅会妨碍个体学习，而且会使个体学习兴趣减弱，甚至没法安心地集中注意力学习。

赞扬也有同样的问题。如果是因努力而得到赞扬，很容易让人觉得以后也要坚持付出这种努力，这其实是一种负担。如果是因为某方面优秀而得到赞扬，人们就会想隐藏自己不够优秀的那一面。为了得到赞扬，也就是好的评价，焦虑与日俱增。同时，一想到某天会有一个更优秀的人出现，会得到比自己更好的评价，就会大幅增加焦虑感。即使卓越到无可匹敌，仍会惧怕某天被赶下"神坛"。可见，赞扬会引发评价焦虑，而焦虑加深就会影响执行力。

"没好处为什么要做？"

第二个原因与动机有关。

动机就是让人做出某种行为的推动力。虎鲸认真地为观众跳舞，是因为驯兽师给的饲料。获得饲料就是虎鲸跳舞的动机。上班族在公司工作的原因是公司发的工资。工资就是职场生活的动机。如果学生为了得到老师赞扬而认真打扫卫生，那赞扬就是打扫卫生的动机。像这样，当动机由外部提供时，就叫

"外在动机"（extrinsic motivation）。我在前文中提到过，行为主义把这称为"强化物"。

动机不都是由外部提供的，也有一些源于内在。孩子们可以持续玩游戏是因为游戏有趣。有趣就是游戏的动机。人们读长篇小说，是因为小说让人激动和感动。激动和感动就是读小说的动机。冒险家为了征服未知的世界，不惜将自己置身于危险中，是因为人类有好奇心。好奇就是挑战的动机。我这十年多笔耕不辍努力写书，并不是为了版税，而是为了成就感。如果动机是由内部（即内心）引发的，我们称之为"内在动机"（intrinsic motivation）。

如上所述，动机可以分为外在动机和内在动机两种。而有趣的是，这两种动机会相互影响。任何行为都有可能受内外两种动机的影响，问题是当两种动机共存时，会出现内在动机被削弱的现象。

斯坦福大学的心理学教授马克·莱普（Mark Lepper）曾以幼儿园的孩子为被试（即测试对象），进行有关动机的心理学实验。

首先，让孩子们用彩笔画画。预先告诉第一组孩子画画能得到"好孩子奖"，然后等他们画完如约给他们发奖。第二组孩子预先并不知有奖，等他们画完才发奖励。第三组孩子则什么奖励都没得到。

两周后，心理学家们重新回到幼儿园，在孩子们毫无察觉的情况下，观察他们在自由活动时间都做些什么。在这个过程中孩子们被允许做任何自己喜欢的事情，当然也可以像之前的实验步骤那样用彩笔画画。那么在这三个小组中，哪个小组里画画的孩子最多呢？

一般人们以为按约定得到奖励的孩子会更喜欢画画，所以都会预判第一组中画画的孩子最多。但结果恰恰相反。比起第一组（9%），第二组（17%）和第三组（18%）里画画的孩子更多。

虽然不是所有孩子都喜欢画画，但肯定有一定比例的孩子是喜欢的（内在动机）。就算没人让他们画，他们也会自己选择画。从第三组的情况判断，我们可以猜测这个比例大概是18%。所以，就算没有事先承诺发放奖励作为画画的代价，实际上也不发放奖励，那第一组孩子中应该也有与此相近比例的孩子自主选择画画才对。

实际上，两周前第一组孩子们事先得到了承诺，事后也如约拿到了奖励（外在动机）。他们当时肯定是为了拿到奖励而很卖力地画了画。但两周后的自由活动时间里，如果没有人再说要发奖励了，主动选择画画的孩子的人数却减少到平均比例的一半左右。

这个实验里最有趣的是第二组孩子们的行为。第二组孩子们之前得到了意料之外的奖励。两周后他们当中选择画画的人数比例和第三组差不多。

为什么会发生这种事情呢？每个人都会为自己的行为寻找原因，这样才能解释和理解自己的行为。当孩子们回顾自己画画的原因时，第一组孩子们肯定认为"有人说要发奖励就画了"。也就是说行为的动机是由外部提供的。但是第二组和第三组没有这种外在动机，所以孩子们会从内在寻找行为的原因，会解释为"画画很有趣""我喜欢画画"等。

第二组得到的意外奖励，并没有伤害内在动机，但也没有成为增加行为频率的强化物。换句话说，孩子们没有把奖励和画画的行为关联起来。可是，如果第二组重复体验这种经历，学会了把奖励和画画的行为关联起来，那他们的比例也会降到第一组的水准。

从第一组的实验结果我们可以知道，外在动机和内在动机同时起作用时，外在动机会伤害内在动机。那赞扬属于什么情况呢？赞扬是外界提供的，所以是外在动机。如果有谁给了意料之外的赞扬，那就像第二组一样，不会伤害到被试的内在动机。但如果重复多次获得了经验，那被试就会把赞扬当作行为的原因，而不会认为自己是出于喜欢了。

如果不是因为喜欢，而是因为赞扬而做出某种行为，短期内个体也许会很认真，但这种状态终究不会持续很久。因为一旦赞扬成了认真的原因，那没人赞扬的时候，认真就失去了动机。也就是说，赞扬伤害了内在动机。

"到头来都是白忙活吗？"

说赞扬会起到反效果的第三个原因是大部分赞扬都是结果导向的。

我小学四年级时曾因这样的赞扬而受到过伤害。那年中秋，我们一家人为了过节提前一天到了大伯家。我正在和堂哥一起玩，大伯母把我们叫过去，让我们去商店买节日聚餐所需的食材。我和堂哥去了商店，把大伯母告诉我们的食材都装在菜篮子里，结账后走出了商店。

堂哥说我是晚辈，菜篮子应该由我提着。对小学生来说，那个菜篮子有点儿沉。堂哥个子比我高，力气也比我大，但长幼有序，听堂哥的话，我觉得这是我该做的。离大伯家越来越近，我也越来越感到吃力。但想到大伯母会夸我，我反而很开心。当时大伯母很喜欢夸我们这些侄儿辈的孩子们，她的夸奖对当时幼小的我来说就是力量。可到了家门口，堂哥突然说："弦植，累了吧？现在开始我来提吧。"

堂哥突如其来的关怀，让我摸不着头脑。堂哥平时不是待人和善或懂得照顾别人的性格。虽然爱搞笑、很有趣，但他很淘气，经常欺负我们这些弟弟妹妹们。所以刚才堂哥让我提篮子，我没争辩就照着做了。可现在他突然说要自己提，我实在猜不透他打什么主意。正好我也累了，心里还有点儿感激。

堂哥从我手上接过篮子，进了家门，然后把篮子交给了大伯母。大伯母说堂哥提着这么沉的篮子回来很辛苦，然后居然夸了他！

大伯母说："提着这么沉的篮子回来，累了吧？果然有哥哥的样子，太懂事了。"

这时候我才明白堂哥打的是什么主意。我觉得很委屈，当场就想戳破他的诡计。得到夸奖的堂哥一脸得意地望向我，却发现我的表情不太对劲儿，马上就带着我出门儿了。这件事过去了 30 多年，我依然记忆犹新，可想我当时有多委屈。

赞扬就是这样，更关注结果而不是过程。不管你多认真学习和准备，只要成绩不理想，就很难得到赞扬。相反，就算平时学习不用功，只要成绩好，就能得到如潮的赞扬。以结果和成果为导向，自然就会忽略过程。不顾过程只看结果的态度，会导致舞弊、违法和违纪等行为。

孩子们为了得到大人的赞扬而说谎，甚至会欺骗朋友或让朋友难堪。因为他们知道，只有可见的结果好了，才能得到大人的赞扬。不只是孩子才这样。结果导向的社会，舞弊和腐败不断，也是同样的道理。这种导向会让人忽视实力，转而关注旁门左道。所以说，赞扬会产生与期待相悖的效果。

由赞扬结果转为赞扬过程

实际上让鲸鱼起舞的原理，是赞扬结果，而不是过程。不管鲸鱼多么忠实地付出努力，只要没达成驯兽师期望的结果，就得不到饲料；相反，无论过程如何，只要给出了驯兽师要的结果，就能吃到饲料。所以，鲸鱼为了饲料，硬着头皮也要把舞跳出来，可现在却突然说要赞扬过程！

　　赞扬过程这句话与《鲸鱼哲学》这本书的整体脉络并不契合。所以，我刚读到这句话的时候，有点儿猝不及防，但同时也感到欣慰。因为赞扬过程而不是结果，是能让赞扬不产生反效果的好办法。

　　那么，赞扬过程到底意味着什么呢？具体应该怎么赞扬，又应该赞扬什么呢？我是从我的父亲那里了解到赞扬过程有多重要的。

尽力比分数重要

　　那是上小学以后第一次拿到学业通知单的日子。通知单上有考试的排名和等级，还有班主任写的指导意见。回家后我把通知单拿给妈妈看，但妈妈没说好也没说不好，只是说："晚上等爸爸回来了给他看吧。"

　　我马上就陷入了焦虑和不安当中，因为我完全猜不到爸爸会是什么态度。妈妈要是夸我或者骂我，我倒是能预想到爸爸的反应，可妈妈什么反应都没有。

　　晚上爸爸回来了。吃完晚饭，妈妈把通知单拿给他看，我紧张地坐在他面前。爸爸拿着通知单从头至尾看了一遍，然后问我："弦植啊，这一学期，你尽力了吗？"

这完全出乎我的意料。我还以为爸爸会单纯评价"好"或"不好"。听到这么意想不到的问题，我一时不知道该怎么回答，我甚至不是很清楚"尽力"是什么意思。不管怎样，爸爸的问题总不能不回答，所以我就想了想。可不知道为什么，总觉得自己并没有尽力。

"没有，我好像没有尽力。"

"我希望你不管做什么都能尽力去做。就算你在班里拿了倒数第一名，只要你尽力了，你就该得到表扬。但是如果你拿了第一，却没有尽力，那还是该骂的。你要记住，过程比结果重要，知道了吗？"

当时我没法完全理解爸爸的话，只是觉得这与我想的不太一样。之后，爸爸每次拿到我的通知单，都会问同样的问题。这个问题很快就被我内化了，成了我自己问自己的问题。于是，不管什么时候，我都想着要尽力。对我来说，重要的不是成绩、结果或他人的认可和评价，而是有没有尽力。

父母从不会因为成绩问题责备我。高中时有一段时间我非常迷茫，心思不在学习上，导致成绩直线下滑。哪怕是这种时候，父母也只是默默地守在一旁。多亏了他们，我深刻地明白了：比起眼前可见的结果，为结果而努力的过程更重要。

不管是作为作家，还是作为心理学家，抑或在家里担当父亲和丈夫的角色，无论做什么，我都要问自己是否尽力了。

作为作家，我想尽力写好书。尽力写的书如果卖得好成了畅销书，我当然会无比开心。但就算成不了畅销书，只要我尽力了，对得起自己，我就满足了。

演讲也是一样，评价好的话我当然开心，但更重要的是，我准备内容时是否尽力了，在演讲现场是否也尽力了。

作为两个儿子的父亲，我有很多不足；作为妻子的丈夫也不可能尽如人意。但无论何时，只要我能做到最好，为两个儿子和妻子尽了全力，我就觉得满足了。

赞扬结果和赞扬过程

结果不是自己努力就可以得到的，不仅要比别人做得好，而且要有运气。但过程不一样，只要自己尽力就足够了。如果要问我重视结果的人和重视过程的人，谁能做得更好，我会毫不犹豫地选择后者。

从这个角度来讲，别人做得好的时候，如果想用赞扬让他更上一层楼，就应该赞扬过程而不是结果。如果想赞扬过程而不是结果，就需要更留心关注对方，因为结果好识别，但过程不是。确认结果要不了多少时间，但过程需要长期关注。比较一下表 2-2 中的内容，可以看出赞扬结果和赞扬过程的区别。

表 2-2　赞扬结果与赞扬过程

赞扬结果	赞扬过程
"拿第一了啊，拔尖儿了，做得好。"	"尽力了吧? 做得很好。"
"脑子好使，了不起!"	"看来是用心了，辛苦了。"
"能力超群啊，好棒。"	"真努力了啊，为你骄傲。"
"比别人出色啊，好厉害。"	"比上次好多了，费心了。"

如果说赞扬结果是期待做到最好，那么赞扬过程就是期待尽力。赞扬结果是对杰出能力的赞扬，赞扬过程是赞扬谁都可以做出的努力。赞扬结果是要与他人比较，而赞扬过程是要与自己比较。赞扬结果让人不断因他人的看法和评价而焦虑，赞扬过程则让人按自己的标准活得坦坦荡荡。赞扬结果是为了操控对方，但赞扬过程是帮助对方获得幸福。

公司必须用评价和比较提升业绩，学校的老师也不可避免地会控制学生，好让学生出成绩。所以公司里有绩效工资制度，学校里有小红花。在这种氛围下，如果有人赞扬和认可过程而不是结果，会怎么样呢? 就算失误或失败了，仍有人关注到你已经尽力了，换了谁都会被感动，之后肯定会尽力去做好每件事，结果也会更好。

所以，我希望公司和学校能营造赞扬过程而不是结果的氛围。当然，公司和学校需要短期内出成果，所以这可能只是个奢望。但至少我们可以改变对待身边人的态度，对于自己爱的人，多赞扬过程而不是结果。

现在该让鲸鱼回归大海了

之前说过，赞扬过程是防止赞扬产生反效果的方法。但细究起来，赞扬过程也是让努力和用心得到别人的认可。所以仍有些人会因赞扬过程而感到受压迫和有心理负担，这也是赞扬的局限性。有一种可以冲破这种局限、比赞扬过程更好的办法。是什么呢？那就是激励。

从英文来看，激励的意思是"唤起和增加内在的勇气或意志"；从中文来看，是"努力帮助水流震荡而使其奔涌流淌"。总之，激励就是帮助他人唤醒本就存在于内心的勇气之河，使其奔涌，尽情流淌。

如果说赞扬是有条件的爱，那么激励就是无条件的爱。想要得到赞扬，要么结果要好，要么用心努力。只有满足这样的条件，人们才会给予赞扬。但是激励是认可对方原本的样子。所以激励能让人找到自己真正喜欢的事情，并按自己的标准活着。

赞扬让鲸鱼硬着头皮跳舞，但激励却给鲸鱼选择权。鲸鱼想跳就可以跳，想飞就可以飞，什么都不想做就可以什么都不做。从这个角度来讲，赞扬让人萎缩，激励却给予人力量。激励让人活出自己，这也是我们所有人都需要的。

2013 年 7 月，济州金宁里近海的网箱收起了渔网，原来在首尔大公园里做海豚秀的海豚济石和它的小伙伴们稍微迟疑了一下，然后像离弦之箭一样，飞快地游向广阔的大海。海豚济石之前挂到渔网上被误捕，原本应该被放生，但有企业非法从渔民手中将它买来用于海豚表演，后被人揭发。济石和它的海豚小伙伴们的遭遇被揭露以后，舆论偏向于应该由动物保护团体牵头把海豚放回到大海里。2014 年 3 月，首尔市市长决定将这些海豚放生，海豚们终于回归了大海。

之后，首尔市陆续将在首尔大公园里进行表演的其他海豚放生。最终，随着 2017 年最后两只海豚金灯和大炮被放回大自然，始于 1984 年的海豚秀成了尘封的历史。

这件事让众人拍手称快，我也觉得做得太好了。其实我也看过海豚秀。海豚的动作超乎想象，我当时也忍不住鼓掌欢呼。但回家的路上，却觉得海豚很可怜。人类为了自己的贪念，把本该在海里畅快遨游的海豚关在狭小的水族馆里，海豚该有多闷啊，而且本该在大海里捕食新鲜活鱼的海豚，却为一口死鱼，违心地每天重复做着单调的动作，这有多疯狂啊！

这一切都归咎于赞扬。如果说赞扬可以让海豚在狭小的水族馆里表演，那么激励就能让海豚遨游大海。激励的方法很简单，只需用爱守护在一旁。如果真想说些什么，可以这么说："我爱你，不管你成为什么人、做什么，我都会为你喝彩。"

　　对于所爱之人，比起有条件的赞扬，更需要给予无条件的激励和支持，需要向对方传递爱的心声。我们给彼此传递心中的激励，就如同把水族馆的鲸鱼放回大海。赞扬也许能让鲸鱼起舞，但要记住，激励才能让鲸鱼自由而幸福。

本章要点

▼ 赞扬具有能让水族馆里的鲸鱼起舞的强大力量。

▼ 让某种行为重复出现的刺激，称为"强化物"。强化物分为
直接刺激五官的初级强化物、根据经验习得的次级强化物和
对心理产生影响的社会性强化物。

▼ 赞扬可以成为一种社会性强化物，但有时也会事与愿违，带
来反效果。

▼ 为了让对方表现得更好而发出的赞扬，有时候却会让对方表
现得更差，甚至会让人放弃。因为赞扬会造成评价焦虑，赞
扬会让人失去兴趣和热情，而且赞扬只关注结果。

▼ 如果希望对方做得更出色，就应该把赞扬的焦点放在过程
上，而不是结果上。

▼ 对于我们的人际关系，最好的养分就是激励。赞扬能让鲸鱼
在水族馆里跳舞，而激励却能让鲸鱼回归大海。

第三章 | CHAPTER THREE
唠叨中本就没有爱

/ 唠叨心理学

可这都是为你好啊

有个陌生来电，如往常一样，我觉得应该就是咨询电话。

"是心理咨询中心的老师吗？"

电话里传来的声音略微沙哑和低沉。听声音，大概能知道对方是一位上了年纪的男性。他说平时在网上看了很多我的演讲和文章，现在才鼓起勇气打电话，问我通话是否方便。一般如果是演讲邀约或几句就能解决的问题，我就会在电话里说。如果是需要咨询，我就会建议对方通过咨询中心正式申请。但这个电话我不能这样处理，因为我从对方的声音里听出了一种谨慎而迫切的感觉。我停下手上的事情，决定听听他要讲什么。

"您是因为什么事情啊？"

"我打电话是因为我那儿子，我实在不知道该怎么办了。"

他讲起了自己的故事。

他儿子刚大学毕业，正在找工作。他在国企工作了 30 多年，都到了退休的年龄。在他看来，儿子找工作时准备得太马虎了，所以每次见到儿子都要唠叨他几句。他在国企里上过班，因此他听到过很多职场新人找工作的故事，知道现在的年轻人有多努力。听说很多人大学刚入学就开始为找工作做准备了，就算稍晚些才开始做准备的，也都是为了丰富自己的履历而不顾一切地努力和应对挑战。这类故事既让他吃惊又令他佩服，有些甚至让人瞠目结舌。他觉得要是出生在当今社会，自己肯定完全没法应付。

再看看自己的儿子，因高中时沉迷游戏，勉强考入大学，又勉强读完了大学。听多了别人的故事，他不禁为这样的儿子担心。儿子毕业后，虽然看起来像忙着到处找工作，但怎么看都觉得并没有在认真准备。他担心之余，跟儿子唠叨了很多次，督促儿子用心点。

"可谁知道，几天前儿子突然手握着棒球棒闯入我的卧室，大声叫嚷着，威胁说要揍我。"

电话那头的他没能接着说下去，我能感觉到轻微的抽泣。我也不知道该说什么。我能感受到他当时的惊愕和慌张，还有恐惧和不安——不是作为一位父亲，而是单纯作为一个人。

儿子为什么会这样呢？作为两个儿子的父亲，我如果有一天也遇到这种事情，该怎么办呢？想想都心痛。我很谨慎地抛出了我的问题：

"您当时是怎样的心情呢？"

"很震惊，完全不敢相信正在发生的一切。同时，我也担心儿子身上是不是发生了什么我不知道的重大变故。"

"您说您担心儿子？"

"是啊。当时确实有些慌，但我觉得不该让他看出来，所以就强装着镇定，让他坐下来，然后问他为什么。"

一个儿子的委屈

儿子为什么要打父亲呢？到底是什么缘故，会让他对自己的父亲挥舞棍棒呢？大概也是因为这事太违背常理了，所以父亲当时比起害怕更多的是感到慌张。他按捺住自己的情绪，问了儿子为什么要打自己。

儿子说小时候每天都被父亲打骂，一直以来都很愤懑。现在要做求职准备，但总想起以前的事情，以至于什么都做不下去。他说要是能打父亲一顿，或者像父亲以前对待他那样，对父亲进行挖苦、责备和谩骂，自己就能好受一点儿。听了儿子的话，父亲更不知所措了。

"我不太能理解您儿子的话，您自己觉得呢？您真的像他说的那样苛责过孩子吗？"

"老师，我妻子15年前过世，过世前卧病5年之久，然后就离我们而去了。妻子卧病期间，我说要连他妈妈的那份儿也要代为管教，对他打骂是多了点，但万万没想到孩子现在会走到这一步。"

父亲听完儿子的话，也开始为自己辩护。他用"都是为了你好""再怎么生气，也不该对爸爸这样啊"等话，试图劝说儿子。但儿子说既然说完了原因，下面就该动手了。他让父亲像以前对他那样用四肢撑地俯卧好。

父亲略微犹豫了一下，然后表示如果只有这样才能缓解儿子内心的郁闷的话，他愿意挨打。接着，父亲俯卧好挨了儿子一棒。二十多岁的小伙儿挥棒，年过花甲的父亲根本承受不了，直接倒地不起。看到父亲痛苦地倒在地上，儿子转身走出了家门。

儿子离开后，父亲独自在家又害怕又伤心，觉得自己白活了这一大把年纪，为养育唯一的儿子吃苦受累的日子瞬间都变得毫无意义了。他的自怜自艾没能持续多久，跑出门的儿子发来了短信。

"今天是第一天，所以只打了一下。以后我要把爸爸做过的一切如数奉还，你等着吧。"

父亲收到儿子的短信，不知道该如何是好。他苦思了一阵后决定给我打电话。儿子打父亲的事情，实在难以向亲戚朋友们启齿。自己的脸面无存且不说，他更怕别人会把儿子当成怪物。接下来，他问我以后该怎么办。

"您自己觉得该怎么办呢？您有什么打算吗？"

"刚开始我觉得只要能消解他长期以来积累的郁闷情绪，我挨几下打也没什么关系，至少以后的日子他能过得舒坦些。但转念一想，我又担心挨打到底能不能解决问题，又或者我让他打我，会不会又给他造成更大的伤害。我实在想不明白该怎么办。"

我首先很坚定地说，不管什么情况下都不该纵容暴力。我告诉他，因为没和他儿子聊过，所以没法知道确切的情况，但为了解决父母带来的创伤而使用暴力，不仅欠妥，而且也不会有积极效果。

我说，如果儿子真有心想要治愈创伤，需要与父亲一起来到咨询中心接受心理咨询。如果儿子不肯来接受咨询，也可以在家里面对面听完儿子的苦闷，再把自己的想法好好说给儿子听。但要提前和儿子说明，如果他再使用暴力自己就会报警，并说服儿子用谈话解决问题。我一再叮嘱他，万一儿子真使用暴力，他一定要立即报警。

父亲倒是答应不再纵容暴力，但是他说对带儿子来咨询中心或在家进行对话，都没什么信心。

他说，一直到儿子上初中时他还经常打骂儿子。等儿子上了高中以后，虽然成绩不好，但自己的事情都能自理，所以也就没多管儿子。就这样，虽然父子俩住在同一个屋檐下，但一直到儿子大学毕业，都没怎么说过话。直到最近，看儿子做求职准备好像不太认真，他才又开始唠叨，没想到却变成这样。他担心，这种情况下，儿子怎么可能突然敞开心扉与自己对话。

他说："不管如何，还是要谢谢您。耽误您宝贵的时间，下次我一定登门拜访。"

唠叨成了回旋镖

放下电话以后，我的心情久久不能平复。在儿子需要父母关爱的年纪，母亲卧病在床，父亲既要照顾家庭又要上班，所以肯定也无暇他顾。这时候儿子是怎样的心情呢？父亲因为担心他，所以唠叨和打骂不断，但儿子肯定没法理解，只能忍受着打骂，心里却积蓄着愤怒和报复。

那么，父亲的心情又是怎样的呢？妻子卧病，他要承担起责任，不能让孩子因母亲的缺席而感到难过。父亲劳心劳力，受了很多苦。如今，儿子马上要就业了，可以说是养育子女的最后一关了。所以，为了让儿子更努力、做得更好，他就唠叨了几句，结果爱子却以棍棒相向，可想而知他该有多委屈。

作为心理学家，我会接触很多人，也会听到很多骇人的故事，但这件事应该会长期留在我心里。因为，父亲的立场和儿子的立场都值得同情。希望他们父子可以通过面对面对话了解彼此的内心。

唠叨中没有爱

最近社会上对虐待儿童的警惕性比较高，学校也会对孩子们进行关于暴力和虐待的预防教育。同时，父母们打孩子的事情也比以前少了很多。学校也一样，以前学生被老师体罚是家常便饭，而且大家都觉得理所当然，但现在老师也不太愿意用体罚管教孩子了。从老师的角度，一方面当然会怕家长的抗议和学生的逆反心理，但另一方面老师也对体罚的效果产生了疑问。

从前，大家都认为身体上的痛苦能让人奋发，能促使人表现得更好。但是比起这种积极效果，反效果更大。学生们反而因为恐惧和紧张，连平时的实力都发挥不出来。所以，人们不再用"打是亲骂是爱"之类的话来合理化体罚了。

严格来说，伤害人的并不是身体上的痛苦。身体上的痛苦是中性的。人们会讨厌和回避身体上的痛苦，但有时候相反，也有人会享受和追求身体上的痛苦。主动给自己的身体施加痛苦的人，比想象的要多很多。最典型的就是过度运动。有些人不是为了健康而适度运动，而是执着于过度运动，以至于很难用维持健康来解释了。某种意义上，制造身体上的痛苦就是他们运动的目的。

给自己施加痛苦的另一个例子就是自残。这里说的不是以自杀为目的的自残，而是以自我惩罚或让自己痛苦为目的的行为。说到自残，很多人会想到割腕，但更常见的情况其实是用拳头打自己，就是用打脸或者捶胸口的方式给自己施加痛苦。自残通常是因为自责，但很多人通过心理咨询消解了自责的情绪之后，仍不会终止自残行为。

此外，冒着生命危险、忍受着身体痛苦在荒野探险的人，还有喜欢格斗等运动的人，都可以被看作自己给自己施加身体上的痛苦。

大多数人都有追求刺激的倾向。痛苦本身虽然并不愉悦，但比起没有任何刺激或者刺激不到位，很多人更倾向于选择承受痛苦。这种行为不仅可以用心理学来解释，还可以用大脑的化学物质来解释。个体在经历身体上的痛苦的时候，大脑为了补偿这种痛苦，会分泌更多如多巴胺之类的神经递质，所以人会感觉到松弛和愉悦。所以说，身体上的痛苦是中性的。

既然身体上的痛苦不是造成伤害的直接原因，那什么才是呢？那就是语言。体罚时抛向对方的粗话，例如责备、挖苦、指责、训导等话语，会让人痛苦。

"你怎么这么自私啊？你这样没人会喜欢你！"

"我就知道会这样。我傻掉了才会相信你。"

"你这个样子，以后还能干什么啊？"

"你怎么还这样，你能不能有点儿长进啊？"

"你这种孩子，谁会喜欢啊！"

当然，这种情况虽然不常见，但也难免会有人说这些话是真的为了伤害对方。如果与此相反，这些话是为了让对方变好，为了让人跨过失败迈向成功呢？如果事与愿违，这些话反而害人犯错或失败，那又该怎么理解这种状况呢？明明是为了对方好，才做了尖锐的批评、告诫和忠告，对方不领情，反而会将其当作烦人的唠叨。这种一片好心却伤害人的情况，在我们周边时常发生。

否定生否定，肯定生肯定

能说明唠叨有反效果的心理学概念是"自证预言"（selffulfilling prophecy）。自证预言现象是指，当得到别人的负面期待或听到不好的预言时，就算有意识地规避该期待与预言，也会受其影响而让期待和预言成真。

能说明自证预言的故事颇多，比较典型的就是索福克勒斯（Sophocles）的悲剧作品《俄狄浦斯王》（*Oedipus the King*）。

俄狄浦斯的悲剧

忒拜王拉伊奥斯因喜得贵子而开心，但有一预言家给出了一个骇人的预言，说此子会让王国灭亡。国王和王后大为吃惊，随即把婴儿交给一信得过的仆人，命其杀死婴儿。但仆人走出王宫后不忍下手，便把婴儿抛弃在荒郊野外。恰逢一牧羊人路过，捡起婴儿，取名为俄狄浦斯，并想收养婴儿。但牧羊人境遇不佳，就又把婴儿送给了从远方放牧而来的另一个牧羊人，而该牧羊人又将这孩子献给了科林斯国王波里玻斯。就这样，俄狄浦斯成了科林斯的王子，而且他对自己的身世一无所知。

　　长大后，俄狄浦斯听到传闻说自己不是波里玻斯的儿子。为了确认真相，他找到阿波罗神殿的一名预言家，预言家没有回答他的问题，却预言他将杀父娶母。这让俄狄浦斯震惊不已，为了避免预言成真，他选择离开了科林斯。流浪途中，俄狄浦斯遇到一位老人，与之发生冲突，结果失手杀死了老人。而那老人正是他的生父忒拜王拉伊奥斯。

　　不知情的俄狄浦斯继续赶路。他在忒拜附近遇到了让忒拜陷入诅咒的狮身人面兽斯芬克斯。斯芬克斯会给每个路过的人出谜题，如果对方无法破解谜语，便将其吞食。

　　"早上四条腿，下午两条腿，晚上三条腿的是什么？"

　　"是人。"

　　以前从未有人解出过这个谜题，当俄狄浦斯说出正确答案后，斯芬克斯绝望地跳崖自尽了。击退了斯芬克斯的俄狄浦斯，被推选为忒拜城的国王，并按习俗迎娶了前国王的王后，也就是自己的生母。

　　俄狄浦斯努力想让自己的预言落空，但他的所有努力反而成就了预言。别人的期待和预言，就是有着这么强大的影响力。可能有人觉得俄狄浦斯的故事只是文学作品，不是客观的科学事实，并不能让人信服。那我们来看一个著名的心理学实验。

罗森塔尔的喜剧

　　美国哈佛大学的心理学家罗伯特·罗森塔尔（Robert

Rosenthal）曾与旧金山某小学的校长莉诺·雅各布森（Lenore Jacobson）做过一个实验，主要研究目的是探索教师的期待是否会对学生们产生实际的影响。

首先，他们在学期初对学生们进行了智力测试，然后把写着一部分学生名字的名单交给班主任，告诉班主任智力测试结果显示名单上的学生有着出众的潜力。同时叮嘱班主任名单只能给教师做参考，对学生和家长一定要保密。

实际上名单与智力测试结果无关，名单上的学生是被随机挑选出来的。让教师相信这份名单，就能看出教师的期待能否对学生产生影响了。教师当然会对心理学家和校长的话深信不疑，所以每次看到名单上的学生，都觉得对方在智力和学业上会有良好的发展。

那么教师的期待真有效果吗？结果很惊人。8个月后，心理学家对孩子们进行复试，结果表明比起第一次，学生们的成绩平均提高了24分，而且在人际交往方面的能力也有显著的提升。

为什么会发生这种事情呢？人的内心都有自己意识不到的部分，它被称为"无意识"，也叫作"潜意识"。我们的心理活动中，有些部分受逻辑和合理性的影响，是始终可以被意识到的；也有一些部分会受情感的影响，是很难被认知的。人与人之间的沟通也一样，有包含明确意图的语言沟通，也有受无意识和情感影响的非语言沟通。

所以，面对所谓具有很大潜力的学生和其他学生时，教师的语气和表情等方面肯定是有区别的。对于名单上的所谓"优秀学生"，教师会更亲切和温和，哪怕是学生失败了也都会被教师视作走向成功的一个过程，这些学生也会获得更多的发展空间。这些都给学生带来了积极的影响。

父母或配偶的期待与担忧、老师或朋友的鼓励和批评、专家的衷心赞扬或尖锐批评……我们无法彻底摆脱人们对自己的各种负面批评或正面期待。在俄狄浦斯的故事中，负面的预言产生了影响，而在罗森塔尔的实验中，则是教师非语言性的正面期待产生了影响。俄狄浦斯的故事和罗森塔尔的实验，还算好理解：负面的预言导致了负面的结果，正面的期待产生了正面结果。可是，源于积极意图和期待的唠叨为什么会产生反效果呢？

过度唠叨的三个反效果

出于好心的唠叨反而会伤害对方，其中的原因有三个。

第一，唠叨会刺激人的恐惧和焦虑等负面情绪。

第二，唠叨会无意间强化人的错误行为。

第三，唠叨会让人变得被动、缺乏责任感。

如果看到新员工编写的文件中有错误，大部分上司第一次会体谅新人，然后耐心地告诉对方。但如果这个职员得到反馈以后修改的文件仍有错误，而且这种事情重复出现多次，那上司又会怎么做呢？可能会唠叨，会当面训斥、挖苦或责备。

"你要继续这样，在公司里可待不久。"

"让人失望，招你时还以为你能做好。以后能改吗？"

"你认真点儿！你上班是来玩儿的吗？"

说出这些话的上司，心情是怎样的呢？当然免不了有些坏上司故意伤害新员工，想把人赶走。但大部分上司应该是出于好意，想通过严厉批评让员工打起精神少犯错误。因为毕竟是自己的下属，所以还是希望对方能变好的。

不只是在职场，在家里父母也爱唠叨，因为他们觉得这样对子女有好处，所谓"良药苦口"。而且父母觉得自己在家里严厉一点儿把孩子教好，总比孩子到外面被别人骂要好。所以，父母常会不停唠叨自己的孩子。在学校的社团里也是，前辈为了让晚辈做得更好，也常唠叨。但是不管意图是什么，如果没有好的传达方式，又有什么用呢？如果听了责备和唠叨的人，有下面这些想法，那就很容易陷入焦虑和恐惧等负面情绪中。

"我挨批评了。"

"大概是讨厌我才会这么说的吧。"

"估计是盼着我失败吧。"

"我果然还是一事无成的废物啊。"

"我太失败了。"

1. 刺激焦虑

过分唠叨会让人焦虑。这种焦虑和恐惧等负面情绪会让人更紧张，所以会导致与本意完全相反的结果。适度的紧张能让人有最好的表现，紧张过度却会适得其反。

有过军队生活经验的人知道，保持紧张是减少失误和失败概率的最好办法。像军队一样的集体生活，或在少数人管理多数人的情况下，的确是这样的。因为在这种情况下，如果一两个人嬉戏打闹，就会让整个集体陷入难以管理的失控状态中。但是过度的紧张，会导致射击或手榴弹训练等场合中的重大事故。这已经是共识了。

心理学家们发现，当紧张或"唤醒"处在一个不高也不低的最佳水平时，个体能发挥出最好的行动力。行动力最佳的觉醒状态称为"最佳唤醒水平"（optimal level of arousal）。在军队里，即使军官为了让部下紧张起来而压迫他们，但因为部下人数众多，所以也能抗住这种压迫。但是日常生活中的唠叨或责备，都发生在一对一的关系中。因此，唠叨和责备引发的紧张和焦虑会超过适当的水平，反而会让行动力减弱。

有趣的是，最佳唤醒水平会根据任务的难易度变化。简单的任务，越紧张行动力越好，而困难的任务则相反。换句话说，困难的任务需要放松的状态才能完成得更好。公司的事情，对上司来说很简单，但对新员工却很难。所以，上司如果想着

"这么简单都做不好？我得让他打起精神来"就会更唠叨。而新员工则想着"这么难，头都大了，还要骂我，受不了。不知道该怎么办了"，因此越做越差。

2. 强化错误行为

过度的唠叨会强化对方的错误行为。强化是指促使对象做出某行为的概率提升的一系列过程。

假设有一对夫妻，因为双方都忙于工作，所以平时不太有时间陪伴子女。再假设这对夫妻有一对子女。孩子们每天放学后就待在托管教室或课后教室，晚饭就在附近的便利店对付一下，然后就去补习班上课，很晚才回家。

父母工作一天也累了，想早点让孩子们洗漱完睡觉。但对孩子来说，父母就是全世界，得到父母的爱和认可就是人生的最大目标。一整天没见到父母的孩子们，当然不肯乖乖就去睡觉。但孩子们也不想让父母操心，所以就安静地看书。父母既内疚又感激，但还有一堆家务要做，所以也顾不得和孩子们表达自己的心情。孩子们无法读懂父母的心，只会因父母的漠然而感到落寞。

在这种情况下，如果两个孩子吵起来会发生什么事情呢？父母会停下手中的活儿跑过来，唠叨孩子或责骂孩子。虽然父母发火很可怕，而且让累了一天的父母操心也让他们感到内疚，但是能和父母面对面让孩子们有了一丝幸福感。不管怎么样，关心肯定要比冷漠好，哪怕这种关心伴随着唠叨、责备和打骂。

像这样，如果表现好的时候得不到关注，只有表现不好的时候才能得到父母的关注（唠叨），孩子们就会表现得越来越差。这个过程都是自然发生的，而非有意为之。

如果这个例子不太好理解，那么可以换个例子想一想。你最喜欢的偶像是谁？就是看一眼心情就变好，与之说上一句话就能倍感幸福的那种人。假设这个偶像对你有三种态度：喜欢和爱的表现，漠不关心和无视，还有冷言冷语和不耐烦。你希望是哪种态度呢？当然是第一种。

但是，如果第一种反应绝无可能，那剩下两个当中，哪个会更好呢？会是漠不关心和无视吗？如果对方是你不喜欢的或者毫不相干的人，可能会这样。但如果是你真正喜欢的人，比起漠不关心，你肯定希望对方能给自己一点关注，哪怕是冷言冷语和不耐烦。

而对孩子来说，父母是比偶像更重要的人，是整个世界。所以说，就算父母出于积极的意图唠叨孩子，有时候也会强化子女的错误行为。

3. 变得缺乏责任感

过分的唠叨会让人变得被动和缺乏责任感。

人们出于好意唠叨别人的时候，是带着什么样的期望呢？应该是期待对方可以自己对自己负责，更积极地做好该做的事情。当然想让别人把事情做好，也不能什么都不说，刚开始的时候肯定要告诉对方正确的方向和方法，但之后就该交由对方自己处理。人只有在不断试错和思考中增强了责任感，才能更认真地做事情。但如果这时候有人干预或指手画脚，人们就会用被动态度对待自己的事情，并很难培养责任感。

最频繁地发生这种情况的地方就是家庭。很多父母希望子女尽可能不要经历挫折，所以会提前把障碍排除干净。唠叨孩子吃饭、睡觉、学习、洗漱等，就是为了不让孩子犯错。孩子根本没机会去想为什么要吃饭、为什么要睡觉、为什么要学习、为什么要洗漱，只是单纯地按父母说的照办，完全变成一个被动的人。他们会觉得到时间了，父母自然会告诉他们该做什么，也会替他们把一切都准备好。

虽然父母希望通过唠叨和训斥，让孩子对自己负责，能用更认真的态度生活，但父母的唠叨往往适得其反，反而让孩子变得更被动和没有责任感。

少些唠叨，多说"没关系"

如果真的是为了对方好，就应该这么说。

"没关系，再试一次。"

"没关系，没有人是完美的。"

"没关系，下次留心点减少失误。"

"没关系，你也尽力了。"

有些人担心一旦说了"没关系"，对方会误以为真的没关系，就不再努力，进而导致重蹈覆辙。但"没关系"并不意味着纵容或鼓励失误和失败。"没关系"大体上包含两层含义。

首先，"没关系"表明自己已经知道了对方失误和失败的事实。换句话说，"没关系"前面省略了"虽然你失误和失败了"。试想一下，如果一个人做得很好很成功，那肯定要说"做得好""真棒"，而不是"没关系"。

其次，"没关系"意味着不会指责或责备对方。有时候为了让对方变好一些，适当的责备是必要的。但这时候应该说得具体一些，准确地指出对方的哪种行为有问题。但很多人在唠叨的时候说的不是对方的行为，而是针对个人和人格进行批评，在对方听来这是对人不对事。一旦唠叨被理解为人身攻击，就会导致夫妻离异、亲子关系破裂、属下愤然离职等结果。

所以说，对他人的失误和失败说一句"没关系"，就等于说虽然已经知道了对方的失误和失败，但不会指责和非议。

"没关系"可以提高成绩，帮人找到自己的天赋

犯错和失败的时候听到"没关系"，不会让人反复犯错和失败，反而会让人做得更好，更容易成功。这是因为之前说过的最佳觉醒水平。比起听到责备，听到"没关系"的时候人们的情绪更平静和稳定，所以行动力会提升。

　　如果经历过错误和失败，仍不能紧张起来，那为了提升觉醒水平，就需要一些逆耳良言了。大部分情况下，错误和失败能带来紧张和焦虑，为了提升觉醒水平，应该说"没关系"，以平复对方的情绪。用"没关系"不仅可以平复情绪，还能让人思考自己真正想要的是什么，并作出正确的选择。

　　如果子女考了很差的成绩回来，父母应该怎么说呢？

　　"没关系，死读书的时代也已经过去了。不管学习如何，重要的是你要找到自己真正喜欢的事情。"

　　如果这么说的话，子女就会认真思考自己真正喜欢和擅长的是什么。如果通过这种思考，发现了自己喜欢做的事情，不就能表现得更好吗？

　　假设，如果你的配偶突然辞了做得好好的工作，但又看起来没在认真找新工作，那尽量不要表现得不耐烦，或挖苦和责备对方，而应该和对方说"没关系"。如果你显得不耐烦或责备对方，对方因为不想听你唠叨，会立刻出门找工作。短期来看，你的唠叨发挥了作用，但从长远角度来说这是一种失败。因为，很可能对方因为你的唠叨就随便找一份工作，而仓促的决定往往会使你们后悔。如果希望对方收集了足够的资料并经过深思熟虑后找个不错的工作，那首先应该让对方情绪稳定下来。

　　如果不是社会属性或智力水平出现了严重问题的话，通常学生都想好好学习，成年人都想好好赚钱。对这些正常人来说，唠叨就是有害的。如果对学习差的学生说了"没关系"，导致该学生真的不学习了，那他也许在学习之外的领域有天赋。如果对找不到工作的配偶说了"没关系"，导致对方真以为可以游手好闲，那你就该尽早分手了。其实大部分正常人在这种情况下听到配偶说"没关系"，都会感到内疚和感激，会更认真地找工作！

所以，一句"没关系"，可以让人摆脱周围人的影响，自己寻找并选择自己想要的人生，也能主动面对人生，对自己的行为负起责任。

我们再回想一下遭到儿子棍棒相向的那位父亲。如果在儿子年幼时，那位父亲少一点责备和挖苦，而多说"没关系"，会怎么样呢？难道儿子就会变得比现在更失败和更古怪吗？他会成为对自己的人生不负责的人吗？我想，应该不至于比现在更差。相反，我觉得父亲的爱会让他成为一个懂事的孝子，会爱自己的父亲，会更努力去填补母亲的早逝留下的家庭空白。

说"没关系"也没关系

最近韩国的单身并喜欢待在家里的年轻人变多了。很多人别说出家门了，甚至连自己的房门都不肯出。这些"单身宅一族"有一个共同的特点。他们都是在父母强制性教育方式下长大的，小时候因错误和失败常会受到责备和挖苦。长大了，父母还在为他们做饭、洗衣、打扫，照顾他们的日常生活。

从父母的角度来讲，可能是因小时候伤害过孩子而感到内疚，所以想补偿。但父母的这种态度，反而把孩子变成了"单身宅一族"。外界的一切都让他们害怕和不安，而一切生活所需又都有人提供，他们当然没必要走出去了。如果遇到为这样的子女担忧的父母，我会坚定地和他们说："别再照料一切了，应该想办法让子女独立、独自生活。"

但是没有哪个父母会接受这样的建议。一方面，父母担心子女连吃顿饭都会成问题，另一方面子女还会威胁父母，说如果不照顾自己就要杀人等。实际上，等到子女成年了，彻底沦为"单身宅一族"以后，就更没什么特别好的办法解决问题了。

所以，父母更应在孩子还小的时候，就开始练习说"没关系"。当然，如果孩子太小，也就是还不太懂事的时候，是需要一定的劝诫甚至是训斥的。对一个还不能分清对错的孩子说"没关系"，是不负责任的做法。但如果孩子已经大到能感受到挫败，那么当他们经历失败、挫折的时候，父母唯一能说的就是"没关系"。

在职场也是如此。当下属可以分清对错的时候，上司应该把对方的错误和对方不懂的地方准确指出来，然后说一句"没关系"。逆耳良言说多了也会变成无用的唠叨，反而会让下属更焦虑。

经济上陷入困境的配偶需要的也不是唠叨，而是一句"没关系"。我们都应该对彼此说"没关系"，这能有什么关系呢！

本章要点

▶ 有时候唠叨的出发点是为了让所爱之人变得更好，责骂、责备、劝告、劝诫等都是这样。

▶ 如果对方听完唠叨，能消化好的话，就会奋发努力，取得成就。但很多时候，事与愿违，唠叨会伤害对方，会让对方更容易犯错。

▶ 大体上积极的期待会产生积极的结果，消极的期待会产生消极的结果。但是，就算是积极的期待，如果以消极的形态展现出来，也会产生消极的结果。

▶ 唠叨产生反效果的原因是唠叨会引发对方的消极情绪，会强化错误行为，会让对方变得被动和缺乏责任感。

▶ 如果真心希望对方好，就不要唠叨，用"没关系"取而代之。"没关系"的意思是虽然知道对方的失误和失败，但不会加以指责和非议。

▶ 说一句"没关系"，能让人情绪平稳并做出最好的表现，也能让人思考自己喜欢什么，主动面对自己的人生，对自己负起责任。

第二部分

"始于爱情，
忠于友情"

亲密关系篇

第四章 | CHAPTER FOUR
爱情何以变成愤怒

/ 爱情心理学

婚后到底怎么回事儿

一直到 20 世纪 80 年代，婚礼主婚人都会通过提问的方式让新郎和新娘说出爱情誓言。

"你是否愿意接受这个男子成为你的丈夫（女子成为你的妻子），从今日起，不论祸福、贵贱、健康还是患病，都爱他、尊敬他，直至黑发变成葱须？"

"葱须"这个词是我上小学时在叔叔的婚礼上第一次听到的。当时我还不知道结婚是什么意思，只是觉得堂兄弟们能聚在一起玩，还能吃到美食，非常开心。但是首先要熬过沉闷的婚礼仪式，而能宣告这种沉闷结束的信号就是"葱须"。

小时候并不知道"葱须"代表什么，所以很难理解为什么要在结婚仪式上提到"葱须"。后来看到妈妈收拾葱，看到她毫不犹豫地一刀剁去葱须，我才大致猜到葱须意味着白发。最近婚礼场上不太能听到"葱须"这种陈腐的词了，但不管是什么形式，至死不渝的誓言是不可或缺的。

结婚仪式上的爱情誓言，不只是场面话。在一众亲友面前，不会说"先过过看，实在不行就离婚"，而是说"相亲相爱一辈子"。因为结婚的时候，谁都希望爱情可以天长地久，也相信会如此。然而现实却是另一番情形，结婚的人当中有相当一部分最终会离婚。为什么会这样呢？很多人会简单地解释为当初因爱而结合，如今因不爱而分离。但真相远没有这么简单。

结婚不仅仅是两个人的情感问题。如果有子女的话，就算两个人没有感情了，仍然有维持亲密关系的必要。就算没有子女，婚姻期间彼此的人生交织在一起，有太多联结的部分，维持婚姻也有可能符合彼此的利益。尤其是在韩国，婚姻在很多情况下不只是两个人的结合，而是两个家庭的结合。所以，如果两个人只是因为感情问题而离婚，带来的伤害难以估量。同时，虽然现在对离婚的偏见比以前少了很多，但仍然免不了顾忌他人的目光。因此，如果还过得下去的话，不少夫妻会选择隐忍。

即便如此，仍有人要离婚，那肯定是因为实在过不下去了。离婚会伤害孩子，会遭到周围人的议论，与婆家或岳家的亲戚，还有配偶朋友们的关系也都将破裂。但如果觉得这些都比不过婚姻生活带来的痛苦，那就只能离婚了。这不仅是因为感情变淡了，而且是因为婚姻带来了憎恶、愤怒，甚至是屈辱感。当初爱得死去活来，而如今真的恨不得对方去死。痛苦如斯，结婚和离婚之间，到底发生了什么呢？

有很多人说离婚是因为性格不合。实际上，性格不合在离婚原因中的确也长居榜首。但是如果我们将性格不合与其他离婚的原因（例如经济问题、出轨、家庭暴力）做比较，会发现性格不合的含义相当模糊。我们不能按字面含义理解，即以为离婚就是因为性格不合适。

我们只要稍微思考一下就会明白，如果只是性格不合，人们还不至于选择承受离婚带来的现实和心理上的痛苦。我们和父母及兄弟姐妹的性格也各不相同，但不还是住在一起吗？朋友之间又怎样呢？朋友之间是不会因为性格不合就绝交的。性格不合只是对外的说辞而已，真正让夫妻离婚的原因是对彼此的愤怒已经到了无法抑制的地步，所以宁愿承受各种伤害也要离婚。

韩国人结婚和离婚的状况是怎么样的呢？根据统计厅发布的资料，2017 年有 26 万对结婚（包括初婚和再婚），有 11 万对离婚。有些人根据这些数据得出离婚率高达 42% 的结论，新闻报道中也常这么说，实际上这是错误的解读。比较同一年的结婚人数和离婚人数，就像比较出生人数和死亡人数一样荒谬。2017 年的新生儿大概是 35 万，而死亡人数是 28 万。看着这个数据，不会有人得出新生儿中有 80% 死亡了的结论。结婚和离婚也是如此。

如果想更准确地统计，需要看粗离婚率，也就是每 1 000 人离婚的次数。经合组织（OECD）在做与离婚相关的统计时也使用这一标准。2017 年韩国的粗离婚率为 2.1‰，处于经合组织统计数据的平均水平。与韩国往年的粗离婚率做比较的话，2003 年是 3.4‰，达到最高点，此后在逐年下降。

但离婚率低并不能让人安心，因为和往年比起来，结婚率也在逐年下降。实际上，代表每千人结婚次数的粗结婚率在 2017 年是 5.2‰，这也是 1970 年开始这项统计以来的最低点。粗结婚率最高的是 1980 年，是 10.6‰。与此相比，韩国的结婚率现在基本算减半了。

在离婚率没有明显减少的情况下，结婚率急剧下降，明显说明对现在的人来说，结婚并不是那么好的选择。

为何爱人会变成仇人

处于适婚期的人们大多犹豫要不要结婚。这是由多种原因造成的。首先，经济层面的因素当然不能忽视。现在房价高得离谱，工作也不太稳定。另外，对配偶的要求变高，也是人们很难找到结婚对象的原因。以前只要有不错的或者稳定的工作就可以找到结婚对象，现在不仅要看学历和家庭背景，个人的性格也成了必要的条件。要性格温和，要诚实，要有明确的人生规划，要具备成为好爸爸或好妈妈的条件。我常怀疑，有没有人能满足所有这些条件。

正因为这种婚姻壁垒，有很多想结婚的人仍处于未婚状态。但最近又出现了很多对婚姻做出不同选择的人，那就是不婚。如果把想结婚但因各种原因而没能结婚的状态称为"未婚"，那么不婚就是主动选择不结婚。有些人可能会问这和单身有什么区别。"单身"顾名思义，就是独自生活，但"不婚"还包括与他人同居的状态。"不婚"不代表不与人交往，更多是抗拒婚姻制度。

未婚与不婚

前不久，我曾与我的师妹金某有过交流，处于未婚状态的她说自己正在考虑不婚。她在大学里学的虽然是心理学专业，但她毕业后放弃了心理学的相关工作而进了一家外资旅行社做销售，现在事业也处于上升期。她说起初她也想组建个幸福的家庭，所以很用心寻找合适的伴侣。我问她什么样的人算合适的伴侣，她徐徐道来。

"首先经济条件很重要，希望两个人能一起攒钱买个房子，小一点的公寓也可以。要是父母有能力，那最好了。当然，他个人的能力也很重要。我不想成天为了钱吵架。不见得一定要是专业职位，但至少应该是在中型企业就职。另外希望他和我一样喜欢音乐剧，也不一定要非常喜欢，但至少可以跟我一起观看，然后可以一起讨论。但这些条件都是很容易就能了解到的，比如可以问他住什么地方、有多少存款，再看看他大学里学了什么专业等。但有些条件却很难确认。"

"那是什么呢？"

"该怎么说呢，就是作为丈夫或未来孩子的父亲该有的品性。看看我身边那些结婚的人，有很多男人在恋爱的时候还是温柔多情的，一旦结了婚就像完全变成了另一个人。有些人结了婚马上就变，有些人有了孩子才变，感觉难以预料。所以我现在不管跟什么人交往，都会留心观察，看看对方是不是婚后仍然会对家庭忠诚的人。有很多人别的条件都很好，但总觉得这部分会欠缺，所以也让我很纠结。"

"你这么看重这些条件，是有什么特殊的原因吗？你是觉得不具备这些条件会出什么大问题吗？"

"我的父母吵得很凶，几乎没有一天不在吵架。小时候只是觉得害怕，但长大以后，就知道他们为什么吵架了。首先是因为钱。爸爸做生意失败以后，妈妈在经济上承受了太多的压力。妈妈成天出去跟人借钱。看着无能的爸爸，我就暗自下决心，以后绝不能跟一个经济状况不稳定的人结婚。"

"那性格方面的条件呢？"

"爸爸最终东山再起，家里不再有经济上的困难了。但爸爸妈妈的争吵却没有因此而停止。妈妈成天抱怨，说爸爸每天跟朋友和生意伙伴喝酒，就知道跟别人献殷勤，完全不顾家。这一点我也有同感。所以，就算钱再多，我也不想跟一个不顾家的人结婚。"

我们对婚姻的期待是小时候形成的。因为我们不仅目睹了父母的婚姻生活，而且会直接受其影响。很多觉得童年不幸福的人，会在父母的婚姻生活中寻找原因，会探究父母为什么那么不幸福。然后为了不犯父母犯过的错误，就会设定很多条件。如果能遇到满足条件的人就会结婚，如若不然，就保持未婚状态。

"但最近我想还是不婚好一点。"

"怎么了？是觉得满足你条件的人不会出现了吗？"

"实际上前不久我遇到了一个满足各项条件的人。但他在单亲家庭长大，跟他妈妈住在一起。他自己说以他母亲的性格，婆媳关系不会成为问题，但谁知道呢。现在虽然时代不同了，大部分人到了节假日还是得去婆家过。此外，我仔细想了想，觉得夫妻一旦反目也就是外人了，就算能一直生活在一起，迟早感情也会变淡，条件再好也不可能一直和睦相处。怎么说呢，这算是婚姻本身的结构性问题吧。我爸妈几个月前终究还是离婚了。好歹也在一起生活了 30 多年了，看到他们分开，感觉一切都很虚妄，觉得婚姻没什么意义，所以我就开始考虑不婚。"

传代的婚姻生活

我听着师妹的话，感觉在她决定不婚的过程中，起到决定性作用的是父母的离异。如果像欧美国家那样，感觉互相不合适的时候就趁早离婚，可能倒会好一些。但是因为韩国人对离婚有很深的社会偏见，所以很多夫妻忍受着痛苦维系婚姻。很多人忍受了很久之后才觉得达到了忍耐极限，加上现在社会上对离婚的偏见比以前少了很多，所以最近黄昏离婚率陡增。

黄昏离婚本身没什么问题，结婚时你情我愿，只是随着时间的流逝各自做出了不同的选择而已。问题是子女，他们从小开始近距离目睹了不幸的婚姻，因此对婚姻的态度便会是消极和负面的。

实际上，韩国的黄昏离婚率呈持续增加的趋势。离婚统计数据里必定会有各个婚龄段的构成比例这项，也就是看结婚多久以后离的婚。据1997年的统计，新婚夫妻（结婚0～4年）的离婚率占比为31%，之后随着婚龄增加占比逐渐减少。但到了2017年，婚龄超过20年的夫妻离婚，也就是所谓的黄昏离婚占比变得最高为31.2%。

韩国的心理学家很久以前就开始呼吁，不要只看法律上的离婚，而应该更关注感情上的离婚。所谓"感情上的离婚"，是指夫妻双方虽然在法律上维持着婚姻关系，但实际上感情已经处于离婚状态。换句话说，就是夫妻虽然还住在同一屋檐下，但与离婚无异，不仅没有性关系，几乎连对话都没有。他们因为子女，因为父母，因为亲友等身边人，还因为社会氛围而不离婚。黄昏离婚率的增加，就是因为这些夫妻不再沉默，开始站了出来。

和以前不同，如今离婚的人不管是因相亲还是自由恋爱结合的，当初都是因为自己喜欢对方、爱对方才结婚的。其中也不乏当初不顾家人反对艰难地走到一起的夫妻。但他们现在为什么反而因为分不开而着急呢？他们曾在主婚人面前发誓相亲相爱"直至黑发变成葱须"，如今为什么会站在法官面前听离婚宣告呢？人们都说夫妻是"前世的冤家"。曾经相爱的两个人，克服重重苦难才结婚的两个人，如今相互憎恶、相互咒骂，倒真的极像冤家。但这一世明明无冤无仇，所以大概也就只能解释为前世的冤家了吧！为什么当初爱得死去活来的夫妻，如今却恨不得对方死掉呢？想要理解这件事情，我们首先应该理解爱情这件事。毕竟，如果没有爱过，也就不会恨了。

为何你偏偏爱上他

我们会与什么样的人相**爱**呢？关于**爱**情这个主题，很多心理学家都曾做过研究，也提出过很多理论和主张。在众多研究中，我们先来看看社会心理学领域关于吸引力的研究结果。首先我要说明，所谓的社会心理学作为心理学的分支，不是在意识或潜意识、性格或动机等心理层面解释人类的内心和行为，而是基于人所处的社会（环境、文化等）的影响。社会心理学家通过各种研究发现了我们会被吸引而陷入爱情的几个法则，也就是吸引力法则（laws of attraction）。

吸引力法则

吸引力法则的第一项是接近性（proximity），也就是说物理上越接近就越可能爱上对方。

很多人幻想着童话般的爱情：希望自己摔倒时有个从高级轿车上下来的温暖的男子把自己扶起来，就像白马王子一样；希望和朋友们去郊游时，在森林里发现一个雪白的女子晕倒在地，就像白雪公主一样。但醒醒吧，大部分人都是与日常生活中遇到的人相爱。

如果你身边有热恋中的朋友，或者因相爱而结婚的夫妻，你可以问问他们是怎么相遇的。大部分人都是邻居或校友，或者是在爱好者协会和宗教团体等经常见面的地方认识的。就算是相亲或者经人介绍，也都没法回避接近性原则。因为就算刚开始就有了好感，但如果不常见的话，好感也维持不了多久。

接近性虽然重要，但也不是说就近就能随便爱上什么人。吸引力的第二个法则就是外貌，也就是身体吸引力。

人当然会被长得帅或长得漂亮的人所吸引！但不是说所有人都会爱上世上少数几个最有魅力的人，因为有匹配现象（matching phenomenon）在起作用。所谓"匹配现象"，就是俗话说的"破锅自有破锅盖"。从破锅的立场，当然希望能有一个高级的锅盖或者崭新的锅盖，但这不太现实。

人也一样，人们不会盲目地选择外貌出众的人，而是会选择外貌与自己匹配的人。如果看到一对老夫老妻长得像，人们就会说："夫妻在一起久了，就会越来越像……"也就是认为他们原本不同，但一起生活久了以后，生活习惯、语气、思考方式，甚至是外貌都会越来越相似。但心理学家们会说："不是一起久了才变得像，而是人本来就会爱上与自己的外貌相似的人。"

第三是相似性（similarity）。相似性不仅是指外貌，还有价值观、地域、人种和肤色、兴趣爱好、宗教信仰等。换句话说，就是人会对和自己相似的人产生好感。

实际上夫妻之间共同点越多也就越幸福，离婚的概率也更低。恋人或夫妻在相处时，兴趣爱好如果不同的话，很容易产生矛盾。如果对方一张口另一方就知道要什么，一个眼神就能明白对方在想什么，心有灵犀一点通，当然也就更容易产生共情、更能理解对方。

移情法则

我们在前文中了解了社会心理学家发现的吸引力法则，但你可能认为这几个法则不足以解释爱情。那么，我们来看看创立精神分析学（Psychoanalysis）的弗洛伊德（Sigmund Freud）所说的吸引力法则。弗洛伊德提出我们可以以性和过去的经验为框架来理解人的行为。

弗洛伊德认为性，也就是性驱力（sexual drive），是人类行为的核心动机。所谓的"性驱力"不只是指性行为，而是指想要活得更积极的能量，例如一个人想进步、想成功、想要在竞争中获胜的欲望。更进一步来说，也是指让人类生存和发展的原动力。对弗洛伊德而言，性就是生活，就是爱。

同时，弗洛伊德说现在的行为源于过去，也就是说成年人的行为反映了其童年的经验。我们看看精神分析学上说的口欲滞留现象。

如果吃饱了母乳的婴儿仍然想吸吮妈妈的奶，妈妈一方面会想满足婴儿的欲望，但另一方面又很想休息。如果婴儿真是肚子饿了，那么妈妈就算再苦再累也不会抱怨，但如果婴儿只是出于吸吮的欲望，那该怎么办呢？最理想的方法是婴儿和妈妈各让一步：妈妈再坚持一下，而婴儿再少点儿贪心，让妈妈早点休息。

但这时候婴儿的认知能力还没发展到可以学会让步的程度，所以一切都取决于妈妈的决定。如果妈妈太累了，直接压抑婴儿的欲望，那婴儿就会大哭。如果这种经验多次重复的话，婴儿心里就会留下创伤，会出现吸手指等补偿行为。如果连这个行为都被妈妈或其他人制止的话，婴儿成年以后就会为了补偿被压抑的欲望，而做出其他补偿行为。

相反，如果妈妈不顾自己的疲惫和哺乳时的疼痛，一直坚持到婴儿完全满足为止，就能更好吗？也不见得。这种过度满足会在婴儿心里留下强烈的愉悦感，导致以后婴儿稍有不顺就会想要妈妈哺乳，甚至成年以后仍会保留类似的行为。

如果我们简单地按字面意思理解弗洛伊德的这种解释，很容易产生误解。人的一生非常复杂，任何行为的成因都有很多因素，而且成年人的行为也不能全部用童年经验解释。但现在的行为源于过去的经验，这一观点作为弗洛伊德的核心主张，是不容忽视的。因为弗洛伊德的这种主张，不是闭门造车凭空想象出来的，而是通过对很多人进行精神分析而得出来的。

弗洛伊德认为现在是过去经验的反映，这一领悟并不仅限于个体行为，人与人之间的关系同样是对过去的反映。弗洛伊德发现很多来做咨询的求助者，没有把弗洛伊德当作咨询师，而是把他当成过去对其很重要的某个人。起初，弗洛伊德认为求助者的这种态度会妨碍治疗，所以把这种行为称作"移情性神经症"（transference neurosis），也就是把过去转移到现在的心理疾病。

多数人会无视与自己的想法相冲突的事情，但弗洛伊德不同，他会细心观察那些看似没有价值和没必要的事情。弗洛伊德留心观察了把自己当作过去的父母、配偶或朋友的求助者，发现求助者投射到弗洛伊德身上的，是曾经给过求助者创伤或者治愈求助者创伤过程中很重要的人。他由此得出结论：这种现象不单是心理疾病，更是治疗的钥匙。所以他把"移情性神经症"中的"神经症"一词去掉，称其为"移情"（transference）。

移情不只出现在心理咨询过程中，就是不限于咨询师和求
助者之间，也会出现在任何人际关系当中。在学校、公司或者
爱好者协会等各种人聚集的场所，即便没有任何交流，你也会
非常喜欢某些人，也会非常讨厌一些人。这是为什么呢？因为
这些人的言谈举止或整体感觉会让你想起自己曾经喜欢或讨厌
的人，这也是一种移情。

不仅是第一印象，在关系发展的过程中，移情也起着一定
作用。有些人起初会让人产生好感，但越接触越让人讨厌；相
反，有些人起初并不会让人产生好感，但越接触就越让人喜欢。
这也反映了过去与某人的经验。

那么，我们爱上某人也是移情的结果吗？当然是。把爱情
看作过去经验的反映，也是精神分析学的核心。当我们爱上某
人时，如果仔细观察这种情感和关系，我们就能在过去的经验
中找到根源。

处决爱情

美国的精神科医生欧文·亚隆（Irvin Yalom）以存在主义心
理疗法和团队咨询闻名。他出版过很多书籍，其中最有名的是
《爱情刽子手》（*Love's Executioner*）。此书是亚隆根据自己的实
际咨询案例改编而成的，总共分 10 章。我第一次看到书名时，
很难理解其意思。爱情刽子手是什么？当我翻开书后，这种疑

问就解开了，因为第一章就是"爱情刽子手"。他在第一章的导言部分写道：

> 我不喜欢治疗恋爱中的病人。也许是出于嫉妒吧——我由衷向往心醉神迷的境界。也有可能是因为心理治疗和爱情根本水火不容。上道的心理医师力斥暗昧无明，进而寻求启悟发蒙，罗曼蒂克的爱情却是靠朦胧的感觉维系的，睁眼细查爱情就会毁于一旦。我讨厌自己变成爱情刽子手，毁了别人的浪漫情缘。

我同意亚隆说的，浪漫和神秘的爱情，一旦细究起来，其幻想和浪漫就会消失不见。不得不承认，爱情不过是为了重复以前的美好经验，填补缺憾而做的无谓挣扎。也不一定非得是心理学家，只要是有点洞察能力的人就能明白这一事实。

为何我总遇到相似的人

美善扣响了咨询室的门，说是想进行爱情咨询。她说朋友们力劝她来做咨询，她实在招架不住朋友们的劝诫就来了，但她说并不觉得自己有什么问题。我问，她自己觉得朋友们劝她做咨询的原因是什么，她回答说："朋友们说我总是喜欢上类似的人。"

美善喜欢的人是怎么样的呢？归纳一下她的话，就是下面这样的。

首先她会被温柔的人吸引。对她来说外貌、学历、家庭背景都不重要，她甚至也不看经济能力。只要对方对她好，她就敞开心扉与对方交往。但一旦交往，男人们就无一例外都会变脸。和美善借钱不还是家常便饭，更别提什么温柔了，不理她就已经算是对她好了，差的时候甚至还会动手打她。朋友们每每劝她分手，她也决定要分，但想起对方偶尔表现出的温柔，又不忍心开口。就算真的狠下心来开了口，一旦对方道歉求饶，她又会马上心软，根本分不掉。现在的男朋友也是这种状况。

"先别管朋友们怎么说，你自己对他是怎样的感情的呢？"

"我觉得我是爱他的。虽然他对我不好，但我觉得那是因为他把我当自己人。别人可能看不出来，但他内心也有善良和柔软的一面，这也是我非常喜欢的。"

周围朋友都劝她，可她为什么觉得自己爱对方呢？这与童年的经历有关。

美善已过世的父亲曾有严重的酗酒问题。他平时冷冰冰的、话不多，所以美善有点儿怕他。一旦他喝了酒回家，就会和美善妈妈大吵，然后就打妈妈或者摔家里的东西。有时候，还会叫醒已经睡下的美善和弟弟，打骂他们。

因为有这种爸爸，所以美善才会被亲切和温柔的男人吸引。真正开始交往以后，如果对方对她好，她反而不习惯，只有粗暴地对她，她才觉得自在。她苦笑着说她一开始也没法理解自己，但苦思后得出了自己的结论。

她觉得自己也不是那么值得爱的人，要是谁对自己好一点儿，反而觉得如芒在背浑身不自在。如果对方发火或者骂她，她就会想起爸爸的样子，虽然害怕但也有种莫名的亲切感。她觉得只要自己努力一点，男朋友就会重新对自己温柔起来。同时，她认为只要自己做个"贤内助"，就有望把经济能力和社会适应能力差的男朋友转变成一个更优秀的人。

"你不觉得你与男朋友的关系跟你父母很像吗？你不觉得爸爸对待妈妈的方式和妈妈对爸爸的感情跟你们现在如出一辙吗？"

听了这番话，美善内心受到的冲击不小。她从没有这么想过问题，但也觉得无从反驳。

从来没感受过父爱的美善，长大成年以后会对看起来温柔的人产生强烈的感情，如同遇到救自己于水火中的救世主一样。但一开始交往，美善就重新陷入痛苦中。可她为什么不脱身呢？看到对方撕下面具的那一刻，难道不能迅速结束这段关系吗？

因为童年时父亲虽然可怕和讨厌，但反复经历这样的经验使她不知不觉就熟悉和适应了。最重要的是，童年时她因为对爸爸产生不了任何影响，所以感到非常无助，但如今却觉得只要自己足够努力，就能改变男朋友。

从精神分析的观点来看，我们会对能激起童年创伤记忆的人产生强烈的感情。也就是说，我们一直在寻找自己的救赎，寻找能救出自己的那个人。我们常把这种感情误认为爱情。

美善还没结婚，完全可以分手，去追求新的可能性和机会。如果结婚了会怎么样呢？结婚的瞬间，人就会清醒。一旦明白了对方不是自己的救星，自己也不是对方的救星，强烈的情感就会消失。但情感淡了以后，不是回到中庸的状态，而是走向另一个极端。也就是说，一旦认清了对方不是救赎者，就会把对方当成将自己推入深渊的、不共戴天的仇人。

爱之深恨之切

有一种可以解释人类情感和动机的理论叫"对立过程"（opponent process）。对立过程理论认为某种情感消失的时候，不是回到中间状态，而是产生与之前相反的情感。此时，前后情感的强度也一样。也就是说如果一开始的情感强度小，随后出现的相反的情感强度也小；一开始的情感强度大，随后出现的相反的情感强度也大。就像数学里的正弦曲线一样，升得越高，降得也就越低。期待越大失望越大，爱得越深恨也越深，也是同样的道理。这就是为什么爱情会很容易变成恨，这也是爱情的悖论。

如果爱变成了恨，直接分手就可以了，可为什么人们还是不能轻易放手呢？那是因为是自己选择了对方，如果放弃就会产生羞耻感。所以就算牺牲自己，就算压迫对方，也想要证明自己的选择是正确的，也就没法轻言放弃了。不管是离婚还是分手，结束关系不仅会给对方带来伤害，还意味着要承认自己的失败。所以，很多人在 20 多年间维系着不幸的婚姻，也没法离婚，非要到水火不容、再也无法忍受的地步，才不得不分开。

我必须告诉美善，那不是爱情，只是因为童年没能了结的问题而产生的错觉。我还要告诉她，对方不是该解决她的问题的人，他也没有能力解决。

但是，如果不是移情，美善还能爱上谁呢？或者说她能不受过去影响而爱上谁吗？对美善来说这种关系会不会是人生的希望和动力呢？又或者，我把问题说出来美善就能接受吗？会不会产生逆反心理而放弃咨询，放弃可以探索自己内心的机会呢？

我的心里一团乱麻。我和欧文·亚隆一样，也不想做一个爱情的刽子手。

"爱情"，以"友情"之名

如果不想由爱生恨，需要做好两件事。我们分成"爱上某人之前"和"爱上某人之后"来说明一下。

如果是在爱上某人之前，那就要先明白自己的关系模式，也就是要弄清楚自己的移情。弄清楚移情有多重含义，但总体上是不能让过去的经验支配现在的生活。正如我在前文所说，很多人因为间接或直接体验了父母的结婚生活，导致他们会被特定类型的人所吸引。

过去的影响不一定只源自父母的婚姻生活。初恋的强烈回忆也会决定以后交往对象的类型。还有童年时与兄弟姐妹之间的关系也都有影响。不管是由什么引发的，我们都有必要仔细想一想看看自己是否有喜欢的特定类型。

确认我的关系模式

该怎么确认自己的移情呢？有一个办法是回想一下过往与自己有过亲密关系的人。当然主要是恋人，但也可以是好朋友。可以一边回想与他们的关系，一边整理看看下面这些问题。

- 是怎么与此人相遇的？
- 因为什么而对此人产生了好感？
- 亲密关系的开端是什么事情？
- 你们之前的主要矛盾是什么，会为什么吵架？
- 这个矛盾是怎么发展和结束的？
- 分开的原因和契机是什么？

这样一点点理清头绪的过程中，你会惊奇地发现，你与以往交往过的人都经历了相似的过程：相遇、相爱、相恨，直至分离。然后，再与自己的过去关联起来看，你就知道自己为什么会陷入这样的关系当中了。如果你很难独自完成这个过程，也可以找专家接受心理咨询。

确认过移情之后该做什么呢？应该找与移情不相符的人吗？还是应该继续与那些能吸引自己的人交往？其实做任何选择都没有关系。确认移情，不是让你把对方看作过去的谁、当作能救赎自己的人，或者当作救赎的对象。确认移情恰恰是提高了你按对方原本的样子看待对方的可能性。如果你愿意的话，也可以和与你的移情完全无关的人交往。或者，如果你有自信能最终确认自己是因为移情而爱上对方还是因为真情流露，你也可以因移情与吸引自己的人交往。

有什么说什么

为了避免陷入爱情的悖论中，如果说在爱上某人之前需要确认移情，那么在爱上别人以后，该做什么呢？如果你已经在承受着爱情的悖论带来的痛苦，也不必担心，这还不是结局。如果你想修复与那个曾经爱过而如今痛恨的人的关系，还是有办法的，那就是沟通。沟通就是确认双方内心情感的过程。

严格来说，世上没有不依赖过去经验的感情，也就是没有不是移情的感情。因为我们的头脑无时无刻不在浮现过往的记忆。只要不是得了失忆症，就不存在与过去无关的情感。所以说，比起弄清"移情"，更重要的是要明白眼前这个你爱的或者你爱过的人既不是你的救赎者，也不是你的救赎对象，而是一个可以与你沟通的人。

在心理咨询过程中，很多求助者把咨询师看作自己的父母、兄弟或旧情人，这就很容易导致移情。移情会阻碍你与眼前人的沟通。求助者一旦对咨询师产生移情，就会歪曲咨询师的言行及其他一切事物，因为求助者会用过去的经验看待眼前的咨询师。正因为如此，咨询师要不断尝试与求助者沟通，提醒求助者不要把咨询师当作别人。

一旦求助者对咨询师产生移情，就会把咨询师看得很完美，以为即使自己不说，对方也能懂自己的心。求助者会认为咨询师会一直对自己温柔，或者反过来，会一直讨厌自己。但那不是咨询师原本的样子，而是求助者的过去经验给咨询师套上的假象而已。

实际上咨询师并不完美，也不会读心术。咨询师既不会一直对求助者温柔，也不会一直讨厌求助者。咨询师只是个可以沟通的对象。咨询师要坦诚说出自己的想法，同样应要求求助者对自己坦诚，只有这样，求助者才会把咨询师看成咨询师本人。这种经验，也会成为求助者摆脱移情而用正常目光看待周围人的起点。

人都有一种把自己当作幼童的倾向。我们都知道自己内心有一部分是从童年到现在都没有变过的幼童。相反，当我们看待自己所爱的人时却把对方看作一个成年人，所以会期待对方作为一个成年人呵护年幼稚嫩的自己。但让人惊讶的是，对方也有同样的期待，也把自己当作孩子，而把对方看作成年人。

　　结果，所谓的爱情就变成了一场闹剧：两个孩子凑在一起，互相要求对方当个成年人。如果对方不能满足自己的这种期待，就会埋怨对方明明能做到却不去做，甚至相互指责、谩骂和争吵。实际上，你并不是自己想象中的孩子，对方也不见得就如你所期待的那般成熟。

　　想要摆脱这种移情，必须问清对方的心思，也要表明自己的心理。我们不应该按自己的意愿看待对方，而应该看到对方的原貌。对方也该如此。

"爱情"，以"友情"之名

　　我们可以看看身边那些久处的夫妻和恋人。不去了解对方也不表达自己，只会按自己的想法要求对方的夫妻，往往都在深刻的矛盾当中无法自拔。反观那些关系融洽的夫妻和恋人，就算最初的热情变淡了，却仍然可以互敬互爱。这正是因为他们会沟通，会坦诚地表达自己，会努力了解对方。

　　最近的研究表明，幸福的夫妻所具有的特征中，首屈一指的就是友情。初识的热情消失以后，彼此仍然相互理解和关怀，像老朋友一样保持着牢固的关系，这才是夫妻幸福的特征。朋友比恋人的相处时光更长久的原因是我们不太会对朋友产生移情，更多的是现实的期待，就算有误解和矛盾，我们也会想方设法通过沟通解决。夫妻和恋人也该如此。不要为了弥补自己过去的缺憾，就对对方抱有不切实际的期待，而应该把对方看作既有缺点又有优点的不完美个体。这样才会有沟通的空间。

　　所以说，真正的爱情并不只是"滚烫"的热情，而是彼此理解和保持沟通的姿态和意志。沟通是一种"特效药"，可以治疗由爱生恨的爱情悖论。

本章要点

▼ 曾发誓至死不渝的夫妻之所以会离婚，不单是因为性格不合，也是因为彼此有着强烈的恨。

▼ 社会心理学家们认为吸引力法则中最重要的是接近性、身体吸引力（配对现象）和相似性。

▼ 弗洛伊德发现，人在成年以后仍然会重复童年时与重要的人相处的经验。在爱上什么人这个问题上，也是如此。

▼ 爱情归根结底是为重复以往的愉悦、为弥补以往的缺憾而做的一种挣扎。但随着时间的推移，一旦个体发现对方无法救赎自己，自己也无法救赎对方时，爱就会转为恨。

▼ 有一种可以解释人类的情感和动机的理论叫"对立过程"（opponent process）。对立过程理论认为，某种情感消失以后，会产生与之相反的、同等强度的情感，这种现象称为"对立过程"。

▼ 想要避免陷入爱情悖论中，就应该了解自己的关系模式（移情），并与自己所爱的人不断交心、沟通。

第五章 | CHAPTER FIVE
如何事半功倍地运用积极心理

/ 积极心理学

心理学的革命：积极心理学

1875 年德国的莱比锡大学聘用了一名哲学教授，因为他研究的领域是人类的意识和精神。

"人活着是因为有意识，那么到底什么是意识呢？"

什么是意识和精神的本质，这个问题一直萦绕在他的脑海里。关于意识和精神的研究，称为"认识论"，此前属于哲学范畴。以前的哲学家们为了回答这个问题，常常坐在桌前苦思冥想。但这位新任教授，却想用自然科学的方法解答这个问题。实际上他还真学过医学，受过医师训练。同时，他还师从于包括物理学家、生理学家赫尔曼·冯·亥姆霍兹（Hermann von Helmholtz）在内的众多科学家及当时有名的哲学家，努力钻研各种学术。

想要运用自然科学的方法，就需要实验室。于是，他在

1879 年把学生们进餐用的小房间改造成了心理学实验室。这个实验室便成了现代心理学的诞生之地，他则成了心理学之父。这个人就是威廉·冯特（Wilhelm Wundt）。

此后，心理学开始用科学的方法研究人类的意识和精神，进而研究心理和行为，从而在人文和自然科学之间开辟出了新的领域。该把心理学看作人文还是科学，学界有着各种论点，并由此产生了许多学派，而这些都丰富了心理学的内涵。心理学有结构主义、机能主义、行为主义、格式塔、精神分析、人本主义等各种学术流派，各自提出了不同的主张和丰富的理论。最后登场的学术流派是人本主义。1960 年，人本主义提出心理学应该研究心理健康的人类，与当时处于主流地位的精神分析（精神病理治疗）和行为主义（动物研究）形成了鲜明的对比。

之后很长时间内，心理学界就再也没有出现新的学派或思潮，因为既有的学派在学术领域牢牢守住了各自的地位，同时新学派诞生的两个条件也很难满足。这两个条件是新学派要有自己的新主张，以及这个主张要得到足够多的支持。随着心理学领域不断扩大，想满足这两个条件，变得越来越困难。偶有新的主张出现，要么不够有开创性而得不到关注，要么过于大胆而得不到人们的认可。

就这样过了大概半个世纪，终于出现了一个新的思潮，那就是积极心理学。积极心理学指出，过去 100 年的心理学研究一直只关注人类和世界消极的一面。例如，社会心理学的典型研究课题是偏见、歧视、服从、认知错误等，而心理治疗领域则侧重于因各种事件和事故而遭受心理创伤的人所经历的抑郁、焦虑等痛苦，也就是人们常说的创伤后应激障碍（PTSD）。因为人们想以对消极一面的研究成果为基础减少或消除这些消极面。但是这100年间，心理学并没有达到自己预想的目标。

对此，站在积极心理学一边的心理学家们提出，应该承认再怎么研究也没法消除消极面。他们认为应该用相反的方法，也就是研究并发展积极的一面，才能创造更好的人生和世界。

2000年1月，美国心理学会发行的《美国心理学家》（*American Psychologist*）杂志，出了一期关于积极心理学的专刊。在这期专刊里积极心理学家们提出应该更注重增强积极情绪，而不是抑制消极情绪。这很快就得到了全世界心理学家的响应，很多心理学家也开始研究起了与积极情绪相关的课题。

那么，积极心理学算心理学的一个学派，还是算一个分支呢？积极心理学既不是一部分人追随的学派，也不是我们在研究生阶段可以选择的心理学某一分支（细分专业）。积极心理学是一种运动和思潮，它呼吁人们关注长久以来被心理学家们忽略的人类和世界的另一面。赞同这一宗旨的社会心理学家们开始研究幸福，而咨询心理学家们开始把注意力从求助者的缺点转到求助者的优点上。不仅如此，心理学的各个领域也开始研究与积极情绪相关的课题，这是人们之前想都没有想过的新方向。比较有代表性的课题有感激、宽容、敬畏心、灵感、希望、好奇心、笑、乐观主义和幸福等。同时，人们开始留意到经历心理创伤以后不一定要痛苦地生活，而是可以通过这种经历发现人生的意义，并活得比以前更幸福。于是，与创伤后应激障碍相关的创伤后成长（Posttraumatic Growth，PTG）也被纳入了研究范畴。这一切都意味着积极心理学的时代已经来临了。

积极与背叛

强调积极思维的不只是心理学。不知道什么时候开始，畅销书的目录上也开始充斥着"积极"一词。翻看这类书籍，就会发现一些老生常谈的主题：积极思维、乐观看待、不要放弃、用心努力。还有，只要怀着希望拥抱梦想，梦想就能实现。

何止是书，还有很多讲座。自始至终笑声满堂的幸福感讲座给予人勇气和希望。讲座中说，无论是谁，只要拥有勇气和希望，乐观积极地面对所有的事情，就能得偿所愿。

奇怪的是，人们这么强调积极，又有那么多人奉行，但人们往往更多体验到的是消极情绪。美国著名记者芭芭拉·艾伦瑞克（Barbara Ehrenreich）同样在一群强调积极情绪的人当中感受到了更多的消极情绪。

癌症是礼物吗

芭芭拉虽然取得了生物学博士学位，但她谢绝了大学教授或研究员的稳定工作，在守护都市贫民健康的 NGO 工作。工作期间，她用自己真实的经历写出了《失控的正向思考》(*Bright-Sided*) 一书。正向思维怎么就会失控呢？她在书中说我们应该批判性地看待我们的社会正在鼓吹的积极主义。她提出这一主张，也是源于自己的亲身经历。

在 2000 年被诊断为乳腺癌之前，她是一个积极和乐观的人，平日里从不会担心自己的健康。她虽然对社会的结构问题和不公持有批判的态度，但也不是爱抱怨的人。可当自己真作为一名癌症患者接受治疗时，她却发现自己变得非常消极。最主要的原因是，她在网上查找各种关于乳腺癌的信息时，每每都能看到乳腺癌患者们奇怪的经验之谈。

在乳腺癌患者交流信息的网络论坛上，完全看不到有人分享自己作为一个癌症患者的苦恼和担忧。确诊为乳腺癌的女性最常经历的忧郁和焦虑，论坛上也完全不曾体现。每个人都像是被战胜睾丸癌的自行车赛冠军兰斯·阿姆斯特朗 (Lance Armstrong) 附了体一样，都在说"癌症是礼物，应该由衷地感恩"。

阿姆斯特朗 25 岁被诊断为睾丸癌，癌细胞扩散到了大脑和肺部。睾丸癌的死亡率高达 50%，但他接受了一场大手术，切除了一侧睾丸和部分脑组织，通过与癌症殊死搏斗，他奇迹般地活了下来。此后他为了实现自己的梦想，参加了被自行车选手们誉为"死亡竞赛"的"环法自行车赛"(Tour de France)，并且在 1999 年到 2005 年间获得了七连冠。这是一个健康的人都难以企及的傲人战绩。这让他成了世界的焦点，成了癌症患者的希望之光。他在自己的书和各种采访中常说这样的话：

"我的抗癌药就是积极的思维。"

"得病以后我不得不思考我的人生。如果没有癌症的话，我就赢不了环法自行车赛。"

"战胜疾病最重要的是积极的想法。"

"我之所以能战胜癌症，并不是因为服用了什么神奇药物，而是因为康复的信念和生存的意志。"

"如果没有疾病，我也就不会胜利。"

失控的正面思考

艾伦瑞克看到论坛上千篇一律的论调，非常震惊。在这里，好像人人都变成了阿姆斯特朗。世上也许真有这么积极的人存在，可所有人都异口同声地说"癌症是礼物"，实在是匪夷所思。

她当然也不希望人们因为担心自己的癌症而变得压抑和忧郁。在 NGO 工作的她，深深了解制药公司强大的话语权下严峻的美国医疗现状，所以希望能找到一些同伴，可以一起想办法，一起行动，为自己争取应有的治疗。乳腺癌的种类这么多，为什么治疗方法却这么单一？工业化社会里乳腺癌的发病率为什么这么高？她也希望能有人能和她一起去寻找答案。

但网络论坛上完全不是这种氛围。她仍抱着一丝希望，鼓起勇气在论坛上发表了自己的想法。大致的意思是"积极固然好，但是不是也需要带着质疑去思考？希望能遇到有同样想法的人"。结果，接下来发生的事情又让她吃了一惊。文章刚发出去，人们的评论就瞬间涌过来，表面上都是在担心她，但实际上都是在指责。人们都觉得她的观点可悲，然后给她施压，让她承认癌症是礼物，让她感激乳腺癌。其中有些人说她太消极悲观，应该立刻跑着去接受心理咨询，然后留下这样的回复："我会拜托这个网站上的所有人为你祈祷，愿你有富足的人生。"

艾伦瑞克立刻就慌了。她平时没觉得自己是个消极的人，但在这一群极其积极的人当中，她好像成了个悲观主义者和虚无主义者。当所有人叫嚣癌症是礼物时，认为癌症是痛苦的她，反而成了一个怪胎。由此，艾伦瑞克开始反思由美国传播到全世界的积极主义。

积极与消极

人们谈论积极，却凸显了消极，这种悖论发生的原因是什么呢？这里有两个原因。第一个原因是对比效应（contrast effect）。对比效应是指某一特征在与其他事物做比较时被凸显的现象。

例如，拥有100万韩币的人与拥有10万韩币的人在一起时，会觉得自己的 100 万韩币很多。因为他会被别人羡慕和妒忌，毕竟钱比别人多了 10 倍。但是如果把他放在一群拥有 1 000 万韩币的人当中，会怎么样呢？这次，他手中的钱只有其他人的 1/10，所以他会觉得自己很寒酸。同样是 100 万韩币，在与不同的对象做比较时，给人的感觉是完全不同的。

对比效应

成绩也是如此。如果身边的好友都是全校成绩排名前 10 的学生，那全校成绩排第 20 位的学生就会觉得自己成绩差。在家人和亲属当中常能看到类似的情况。如果父母和叔辈亲戚们都是名校毕业的，那考上一般大学的子女就会被认为没出息。反过来也一样。如果身边的好友的成绩在班里都是中下游水平，那在班里拿第一的学生就会被朋友们奉为天才。如果父母或叔辈们都没上过大学，那上大学的子女就会被当作家族之光。

对比效应不只出现在像钱或成绩等可见的事物上，我们的感知过程也有对比效应。我们准备 3 个盆，分别在盆中倒入热水、温水和凉水。然后，把右手放进热水里，同时把左手放进凉水里。大约 10 秒之后拿出两只手，同时放进温水里，两只手会有什么感觉呢？从热水里出来的右手，会觉得温水凉，而从凉水里出来的左手却会感觉热。同样温度的一盆水，因为之前两只手的经验不同，所以对温度的感知是不同的。

心理属性也会发生对比效应。当一个人被不太影响日常生活的轻微抑郁侵扰时，如果他在一群抑郁水平相近的朋友当中，就能自然地面对自己的抑郁。如果把他放到一群快乐的人当中，会怎么样呢？他对抑郁的感知就会被放大。因为周围人看起来不抑郁，所以更凸显了他的抑郁。反过来也一样。如果把他放到一群严重抑郁的人当中，他会更看轻自己的抑郁。

积极和消极也是如此。艾伦瑞克说，在被确诊患有乳腺癌之前，如果有人问她是积极的还是消极的，她可能没法回答。艾伦瑞克致力于发现这世界的不公并使之公之于众，由此谋求世界的变化和发展。像她这样的人具有两面性：他们用批判性的眼光审视这个世界，从这一点来说他们是消极的；但同时他们也积极地寻找变化与发展的可能性，所以他们又是积极的。但是在一群过于积极的人当中，艾伦瑞克觉得自己成了一个消极的人。

对比效应是比较的结果。有些人极度厌恶和抗拒比较，但实际上每个人都是要通过比较才能了解世界的，因为学习本身就伴随着新知识与大脑中已存在的知识的比较。人的感觉也是如此。对于不同的感觉，只有与固有的感觉经验做比较，人才能察觉出差异来。为了了解自己，需要与他人做比较；想要知道韩国处于什么水平，就需要与别的国家做比较。

所以说，比较是必要的精神活动。当然，有些人认为比较是由歧视和偏见构成的，所以会抗拒比较。严格来说，有问题的是歧视与偏见，而并不是比较本身。比较本身其实是自然

的精神活动，也是无法避免的。不做比较的话，人类是不可能
体验、认知、记忆和判断的。所以对比效应也是再自然不过的
事情。

交互效应

人们在强调积极时会凸显消极，其第二个原因是在彼此关
系中相互影响的交互效应。

还是前面那个例子，把拥有 100 万韩币的人放到一群拥有
10 万韩币的人当中。这次大家不是安静地待着，而是互相打听
对方有多少钱，那会怎么样呢？他会因为别人羡慕的目光而觉
得自己的 100 万韩币很多。假设，把他放在一群拥有 1 000 万韩
币的人当中，同样打听对方有多少钱，结果他听到了这样的话：
"什么，只有 100 万？你该努力点了，这样才能赚得多一点！"

他会觉得自己的 100 万少得可怜，同时会对那些人感到很
生气。听到这样的话之后，有些人会因受到刺激而努力赚钱，
但也有些人会因自己被藐视而伤到自尊，不仅不会努力，反而
会自暴自弃，并且还会埋怨别人。还有一些人会转变想法，重
视起金钱之外的其他价值，对金钱表现出漠不关心的态度。

"你们以为钱能买到一切啊，世界上还有比钱更重要的东
西。我不需要钱，我选择更自由的人生！"

性格也类似。如果学习好的人对学习不好的人说："你怎么
学习那么差！你就不能努力一点，向我们看齐吗？"会怎么样

呢？有些人会把这些话当成鞭策，认真学习提高成绩，但大部分人会因为自尊心受到伤害，反而不努力了。

积极与消极也是一个道理。在网上查找乳腺癌相关信息的过程中看到那些癌症患者的感激言论，艾伦瑞克的内心充满了消极情绪（不悦、质疑）。但事情并没有就此结束。当她鼓起勇气发表了消极和批判的文章时，人们劝她要积极一些，并认为她是悲观和厌世的。在他们眼里，艾伦瑞克该有多可悲啊！艾伦瑞克的出现，让他们更加坚定地拥护积极思维，也更坚定了自己的信念。

艾伦瑞克也没有停下来。她虽然站在他们对立面，但行为模式却与他们类似。她更加坚信对方的言行有问题，更加坚定地维护了自己的批判性立场，以至于最后写出了《失控的正向思考》一书。

为什么意见分歧会越来越大

因为对比效应的缘故，在积极的人当中，消极情绪会被放大。如果像艾伦瑞克一样在互相可以影响对方的情况下，也就是在交互影响的情况下，积极和消极的差异就会变得更加鲜明。也就是说，积极的人在劝说持消极态度的艾伦瑞克的过程中，会变得更加积极。反观艾伦瑞克，因他们的态度，她变得越来越坚持消极的见解。

那么，相反的意见在交互过程中，为什么分歧会变得越来越大呢？首先可以用心理反抗（psychological reactance）来解释：让你往东，你偏想要向西。韩国家喻户晓的寓言故事"不听话的青蛙"讲的就是心理反抗。

"不听话的青蛙"

青蛙儿子平日里做什么事情都要逆着妈妈，最终气得妈妈卧病不起。青蛙妈妈深知儿子指东向西的臭脾气，所以临终前骗儿子说死后要把自己埋在河边，而不是山上。妈妈过世后青蛙儿子很伤心，也很懊悔，居然真的照着遗言把妈妈埋在了河边。之后，每到下雨天青蛙都怕大雨把妈妈冲走，急得坐在河边"呱呱"叫。

韩国的父母们在孩子小时候都会给他们讲这个故事，这也是因为孩子们的行为真的像极了故事里的青蛙。刚学会爬的婴儿，也都有自己的脾气，想按照自己的意愿行动。不能说话的时候会哭闹，等学会说话了，就会经常说"不行""我自己来"和"不要"。青少年时期也是如此。孩子难得自觉一次，坐到桌前刚想看看书，恰好听到妈妈说"快看书"，他就会立刻合上书站起来。

心理反抗的原因是人有自律和独立的渴望。想自己做选择，不想受人摆布，这是人的本能，所以才会有指东向西的冲动。哪怕有人出于好意和你说"好好学习""努力赚钱""你要开心起来""别太消极"等话，一旦逆反心理发作，所有的话都会听起来很刺耳。

那么，成年人就会有什么不同吗？答案是并不会。无非是孩子们不会隐藏自己想法，会将其原原本本地表露出来，而大人们只是更善于隐藏自己的真实想法，实际上内心一样会抗拒。心理反抗是人类重要的心理特征，与年龄无关。

英国著名的剧作家威廉·莎士比亚（William Shakespeare）的戏剧《罗密欧与朱丽叶》（*Romeo and Juliet*）也展现了心理反抗的威力。罗密欧与朱丽叶相爱时如果双方家庭并不反对，他们的爱情还会那么强烈吗？他们还会殉情吗？也许根本就不会。他们很可能会像很多恋人那样，曾经炙热的爱情日渐冷淡，甚至最终反目成仇。像罗密欧与朱丽叶这样，双方的爱情因外界的反对而变得更强烈的现象，有个心理学术语叫"罗密欧与朱丽叶效应"（Romeo & Juliet effect）。

追求均衡

但是艾伦瑞克的经历很难只用心理反抗来解释，因为她同时也想着要纠正某些事情。这里出现了交互效应过程中把积极和消极各自推向极端的第二个原因，就是追求均衡。追求均衡是指为得到最佳状态，也就是最好或正确的状态而努力的行为。一方强硬地主张自己的意见时，另一方会以同等程度或者更强硬的态度持反对意见。

在艾伦瑞克看来，乳腺癌的诊断和治疗过程中，有很多可疑的部分。作为生物学博士，她平时就对美国医疗系统存有疑虑，因为她目睹了很多制药公司为了追求盈利而忽视患者健康的事情。所以她才会上网查找所需的信息，她希望能和同样受煎熬的人们一起应对可能发生的事情。到目前为止，艾伦瑞克还不算是个消极的人。

她上网看到的第一个经验之谈，就是感激之词。对方说癌症对自己是个珍贵的礼物，说自己感激癌症，并为此感到庆幸，就好像癌症是什么不可多得的人生机遇一样。当艾伦瑞克第一次看到这种文章时，心里会怎么想呢？

她会想："原来还有人对乳腺癌持这种看法啊。"

但是，接下来她看到的文章都是表达感激的。当她看到表达感激的文章源源不断时，她的想法就变了。

"这不太对劲啊，大家都醉心于感恩，却回避了现实。既然大家都沉浸在玫瑰色的幻想里，我应该写文章戳破这个泡沫，这样才能让大家警觉起来。"

她带着这种想法，发表了文章，但结果却出乎意料。人们反而认为艾伦瑞克被消极情绪淹没，他们觉得自己有必要站出来引导艾伦瑞克变得积极一些。所以，他们回复艾伦瑞克时表现出更强硬的态度，同时还要求她也要感恩。

但人们的这种努力，并没有让艾伦瑞克变得积极，反而让她更坚定了自己的信念。她觉得人们陷入了积极主义的漩涡里，回避了现实问题，必须有人把他们拉出来。她越是这么想，对方就越不肯罢休。为了拯救艾伦瑞克这只可怜的迷途羔羊，人们不断加码，更强烈地宣扬积极的理念。

这种交互方式让积极和消极的鸿沟变得越来越大，出现了越强调积极信念就让消极信念变得越坚定的悖论。

不断强调积极心态的人们，还有不断强调消极心态的艾伦瑞克，他们的意图是什么呢？他们的目的其实惊人地一致，都是为了全力帮助受乳腺癌煎熬的患者。对癌症怀有感激之情的人们，觉得积极的心态对治疗最有益。所以他们看到消极的人，就会强制对方接受积极的理念。

对于这一点艾伦瑞克也不会反对，至少她不会认为癌症患者生活在自怨自艾中是什么好事。她只是觉得，回避现实会错过治疗的机会，会招致更大的痛苦。正因为这样，为了保持均衡，周围的人越是强调对癌症感恩，她就会越大声地质疑当前的医疗方案。

志同道不合的悲剧

像这样，抱着同样的目的却因交互效应而使小差异变成大分歧的事情比比皆是。夫妻间更是如此。结婚的时候，夫妻双方都觉得两个人的共同点比分歧更多，但生活在一起以后，小分歧就会慢慢变大。

例如，假设夫妻两人都爱省钱，但其中肯定有一个人更省。

通常妻子会更努力维持家计，丈夫要是说想出去吃饭，一般都会遭到拒绝。丈夫虽然也反对频繁去餐馆吃饭，但偶尔也想出去吃。于是丈夫就对妻子说："省钱是好事儿，但该用的地方不能省。"然后坚持要每周去餐馆吃一顿。丈夫其实是觉得自己稍微强硬一点，至少退而求其次，能争取到每月去餐馆吃一顿。

妻子因为家庭开支增加而感到焦虑。她觉得这不是正常消费，而是过度消费。她甚至有了一种不祥的预感，她觉得一旦开了每周去餐馆吃一顿的先例，要不了多久全家就要露宿街头了。这绝对是家庭的紧急事态。于是，她很明确地表示反对，说绝对不能出去吃。其实妻子也是觉得自己强硬一点儿，双方就可以妥协为"每月一次"。

丈夫看着妻子顽固而过激的反应，觉得继续这么省着过日子，反而会因压力大而得病，说不定还得在治病上花更多钱。于是态度就又强硬了一些，说花钱要花得舒服，不能省。明明两个人有着共同目标，都是想生活得更好，但通过持续的交互效应，两人的分歧变得越来越大，最后到了不可调和的地步。

不只是在钱的问题上，子女教育、家务、双方父母的问题、旅行和休假的方式，还有政治见解等，几乎所有问题上，交互效应都会把分歧变得更大。

站在自己的立场，两个人都会觉得对方略微偏激。为了把对方拉回自己的同一战线，他们觉得自己有必要再偏激一点，这样才能保持住均衡。

有趣的是，把两个人推向两个极端的交互效应，其实包含着一起创造美好生活的共同愿望，最终却会引发事与愿违的结果。

走出积极主义的泥沼

作为让整个心理学界期待了半个世纪的新思潮，积极心理学所说的积极真的会催生消极情绪吗？并非如此。艾伦瑞克在癌症患者的网络论坛里看到的，不是积极心理学，而是积极主义。所谓"积极主义"是指"积极绝对正确"的主张。

积极主义和积极心理学有两点区别，第一点是描述（description）和处方（prescription）。描述是说出现象是怎样的，处方是为改变现象而积极介入的行为。积极心理学的焦点是在描述上，通过研究幸福的特征，找出感恩和宽恕的效果，并描述出来。对于积极心理学研究成果，有代表性的描述如下所示。

- 对幸福影响最大的，不是金钱或荣誉，而是与周围人的关系。
- 坚持写感恩日记，生活就变得充实了。
- 宽恕了伤害过自己的人，抑郁、焦虑和愤怒就减少了。

看到这些研究成果，人们自然就想将其运用到生活中，就想开出处方。但是积极心理学家们不关注处方，关注处方的是积极主义。积极主义会坚持如下观点。

● 建立关系能让人变得幸福。
● 想要生活变得充实，就要写感恩日记。
● 想要减轻抑郁、焦虑和愤怒，就要宽恕伤害过自己的人。

如果有人和你说想与你"建立关系"，你当然可以想"这也许能让我变得幸福一些"；或者有人说"我要写感恩日记，宽恕那些伤害过我的人"，你也可以和他说说可预期的效果。但这些都只是选择积极带来的可能的结果而已。只要选择了积极，就一定会有效吗？并不是这样，可能有效，也可能无效。我说得这么模糊，是有原因的。用专业术语表达的话就是，这些只是证明有关联，并不能说明有因果关系。也就是说，两者之间有关联性，但并不能断定就是原因和结果的关系。

积极主义和积极心理学的第二个区别就是正视还是无视消极情绪。积极主义会无视消极情绪。

积极主义产生的背景是新自由主义和新思想运动。20 世纪 70 年代兴起的新自由主义，作为一种经济和政治理念，强调市场的正面功能，拥护自由贸易，主张废除限制。如果说 19 世纪的自由主义是国家不介入的自由放任，那么新自由主义则肯定了国家政策的必要性。但不管是自由主义还是新自由主义，都认为市场经济中的任何成员，只要肯努力就能成功。

新思想运动是始于 19 世纪的一种宗教哲学。新思想运动认为人类具有神性，所以可以用正确的想法治疗病痛，还可以通过减少自己的失误和错误成为卓越的人。新思想包含着两种简单的信息：一是人的内心蕴含着强大的力量；二是若被消极情绪所左右就打不开力量的大门。所以新思想运动抗拒消极。新思想运动忌讳失落和沮丧、抑郁和焦虑、挫败和苦闷。新思想运动强调积极的力量，遵循积极万能的信条。新思想运动的代表作就是世界级的畅销书《秘密》(*Secret*)。

积极心理学与此不同。以往的心理学研究主要把焦点放在人类与世界的消极一面上，而积极心理学源于对这种偏差的反省。人类和世界充满了消极面（偏见、歧视、抑郁、焦虑等），但也有诸多积极面（幸福、感恩、灵性、宽恕等）。积极心理学认为心理学至今为止都在研究消极面，现在也该研究积极面了。这并不是要无视或否认消极面的存在，积极心理学认为研究消极面仍是有必要的，只是希望与此同时可以研究和运用积极面。换句话说，积极主义否定消极而只主张积极，而积极心理学追求的是消极与积极的均衡。

想要更清晰地理解积极心理学与积极主义的区别，我们可以比较一下乐观主义和悲观主义。积极主义认为积极面对某种状况是好的，而消极面对就是错的。但积极心理学家们却会区分能战胜逆境和失败的现实乐观主义和非现实的乐观主义（unrealistic optimism）。现实乐观主义是在逆境中不气馁、不放弃、迎着困苦勇于挑战的姿态。不去否认失败与挫折，而是挖掘内心的力量，正视并跨越困难，这才是真正的乐观主义。非现实的乐观主义会以"我不管做什么都会顺利""厄运可能会降临到别人身上，但绝不会发生在我身上，我会一直都有好运"等方式无视现实，是一种假的乐观主义。

虽然积极主义对悲观主义持否定态度，但有些悲观是对人们有帮助的，例如防御性悲观（defensive pessimism）。如果说一般的悲观主义是对每件事都持有消极态度，那防御性悲观就是在开始做某件事情之前先考虑最坏的状况。大部分情况下，结果都比最差的状况要好一些，所以我们会少些失望、多些勇气。我们经常听到的豪言壮语"大不了一死"，就是这种情况。

我们的人生并不简单，而是非常复杂的。消极反过来能变成积极，换个角度看，积极也许就是消极了。这世界很危险，同时又充满惊奇；昨天的敌人，今天也许就能成为伙伴；古代人们惧怕的事情，现在也许就成了自然现象……在这复杂的世界里，积极心理学意味着消极与积极的均衡，它倡导大家看到事物的两面性。与之相反，积极主义无视消极面，只强调积极面，这把我们的生活和这世界都简单化了。

如何事半功倍地运用积极心理

看到爱人的离世，在重要的考试中落榜，因事故身心受到终身创伤，经济上处于窘境，还有像艾伦瑞克这样被诊断患有癌症……对于这些因不幸而伤心痛苦的人们，我们该如何向他们传递积极情绪呢？当然不能像网络论坛上的那些人那样前仆后继地跑过去对人喊"要懂得感恩""想得积极一点吧""要把自己的遭遇当作最好的祝福"等。这不但不能让人变得积极，反而会让人陷入消极情绪里，而且越强调积极就越适得其反，甚至可能让人变得很极端。

想要给对方传递积极情绪，首先需要共情（empathy）。不要急着纠正对方的消极情绪，首先应该要充分地共情。纠正意味着对方的情绪是错误的，而共情是认可和接纳对方的情绪。

你可以说："我要是你，也可能会跟你一样。"

这种共情会给对方力量。如果有人告诉你说你的情绪没有错，并认可和接纳你的情绪，那你就更容易敞开自己的心扉。

也有人会排斥共情，这时候要弄清楚对方是不是混淆了共情和同意（agreement）。共情是认可对方的情绪，而同意是赞同对方的行为，这两者是有区别的。认可对方的情绪，不代表要赞同对方按自己的情绪而做出的行动。

如果有人说："人生太苦了，熬不下去了，我想死！"混淆共情和同意的人可能会说："苦什么苦啊，这点事儿就想死？"这种方式反而会让人觉得更孤单。对方会想："没人能理解我"进而会封闭自己的内心，也就打消了沟通的可能性。当然，如果让你说你能理解对方想死的心情，你难免会担心对方真的会去死。这时候就应该在说话方式上明确地区分共情和同意。

"我能理解你的心情，应该很痛苦吧。但是我不同意你这么做，我不会就这么让你走的！"

就像这样，你可以与对方共情，但同时也可以不同意对方的决定。明确了这两者的区别，你就更容易与周围人共情。我们不用担心对方会因为有人共情就继续沉浸在痛苦中，甚至做出过激行为。实际上，很多心理学的研究成果表明，共情能保护对方，能守护对方的安全。

有时候与对方共情以后，对方可能会说自己想走出痛苦，这时候就可以适时地传递自己的积极情绪（幸福、乐观、感恩、宽恕等）。积极心理学的研究者们认为，积极情绪想要发挥好的效果，必须是自发和持续的。首先，积极情绪是不能被人强迫产生的，应该是自愿产生的。其次，需要持续实践才能有好的效果。例如，写感恩日记或宽恕别人，如果只是因为好奇或一时兴起做了一两次，积极情绪是不会真正被激发出来的。

积极情绪是不能强求的，我们必须要有战胜逆境的意志。但是积极主义怎么样呢？积极主义不考虑对方所处的状况和处境，也不考虑对方的立场和意愿，只是一味地要求人积极起来。

这样的积极主义会激起人们心中的消极情绪（担忧和顾虑、愤怒和不安、不悦），甚至让人无法适应现实或者回避现实。如果本该平静接受的现实和挫折也变得让人难以接受，就会引发更大的问题。

艾伦瑞克的《失控的正向思考》一书的副书名是"正向思考是如何拆台的"。"拆台"这个词很有意思，但实际上真的发生过这样的事情，就是我们前面提到过的兰斯·阿姆斯特朗的故事。

他对自己的癌症发表了很多积极的言论，但 2012 年他却陷入了服用兴奋剂的丑闻当中。接着媒体又爆出他用一些手段巧妙躲过了兴奋剂检测，也就是服用了无法检测出的兴奋剂。把阿姆斯特朗当作积极主义象征的人们，相信这是嫉妒阿姆斯特朗的人捏造的阴谋，但阿姆斯特朗很快就承认了自己服用兴奋剂的事实。他得的所有奖项都被取消，他的传奇也成了泡影。兰斯·阿姆斯特朗拆了信徒们的台。

一味地强调积极，无视消极，会导致越强调积极思维就越凸显消极的结果。这就是积极主义的现状。我们需要的不是盲目的积极主义，而是可以让人战胜逆境和挫折的积极心理学精神。这样才不至于被拆台。

本章要点

▼ 越强调积极思维，就越凸显消极思维，这是因为对比效应和交互效应。同时，相反的两种意见在发生交互效应时，意见分歧会越来越大。这是因为逆反心理和对均衡的追求。

▼ 激发消极思维的积极思维，不是积极心理学，而是积极主义的产物。积极心理学认为以往对消极情绪的研究很重要，但也需要研究积极情绪。相反，积极主义是新自由主义和新思想运动的产物，它无视消极情绪，只强调积极情绪。

▼ 如果想传递积极情绪同时又不激发消极情绪，需要学会共情。共情是认可对方的情绪，但不代表同意对方的行为。

▼ 想要把积极心理学的研究结果运用到生活中，就不能强求，而应该自主选择，持续实践。

第六章 | CHAPTER SIX
就算是一个人也要坚强

/ 关系心理学

10 年婚龄的丈夫说后悔结婚

"哥，早知道我就不结婚了，真悔不该当初。"

久违的成俊，刚见面就这么说。我认识成俊是在二十出头的年纪，我们两各方面都比较像，很快就成了好朋友。我没有弟弟，成俊也没有哥哥，相识近 20 年，我们就像亲兄弟一样。结婚前我们经常聚在一起玩，一起聊天。后来我们在差不多的时间各自结了婚，就不太有时间相聚了。

我的生活中心就是妻子和孩子，而成俊和我比起来，有过之而无不及。很多丈夫不管心里多关心家人，表面上都不会表现出来，但成俊不是。他对妻子和孩子们殷勤极了。他们夫妻俩是我见过最恩爱的夫妻，他们的家庭也是我见过最幸福的家庭。当然夫妻之间肯定有不少矛盾，也常吵架。但可能是因为对彼此的信赖，经历过矛盾和争吵之后，他们的关系反而变得越来越牢固。近三年来，我们都太忙了，没时间见面，只是偶尔打电话问候一下。我完全没想到这次刚一见面他就和我说这样的话。

"什么？怎么了？你是跟弟妹吵架了吗？"

"小吵小闹当然是家常便饭了，但我不是因为吵架才有了这样的想法。"

"那是因为什么？你们可是大家羡慕的模范夫妻啊。怎么，最近发生了什么难以启齿的事情吗？"

我和成俊是无话不谈的好兄弟，父母兄弟的问题，职场的苦恼，还有育儿和亲密关系的难处，我们都会敞开来聊。但毕竟夫妻的事情是个敏感话题，我想他平时交流也有可能只是点到为止。

"难以启齿的事情？比如说呢？"

"比如性关系有问题啊，弟妹或者是你另外有了喜欢的人啊，夫妻吵架时动了手之类的。夫妻遇到这些事儿都不算稀奇。"

"要是真有这么明确的问题，倒还好了。"

"啊？你这又是什么意思？"

"婚姻没什么问题。我们关系很好，虽然不像刚结婚时那样，但亲密关系没问题。我和我妻子也没有遇到别的人，更不会有什么家庭暴力。"

"那你到底为什么说后悔结婚呢？"

"哥，我觉得孤单。"

125

　　成俊说着说着居然抽泣了起来。我默默把手搭在他肩上，也沉浸到了他的情绪里。一个结婚 10 年的丈夫说自己孤单，也许人们会这么想：

　　"估计是妻子出轨了，要么就是他喜欢上了别人。"

　　"估计妻子只顾着娘家没怎么照顾丈夫吧。"

　　"难道妻子是工作狂或者购物狂吗？"

　　"是妻子只关心孩子冷落了丈夫吗？"

　　实际上成俊小时候就是个孤单的孩子。他父亲在他小学时因交通事故离世了，家里一直都是孤儿寡母。原本是全职主妇的妈妈，为了家计也只能去上班了。独自抚养儿子的压力很大，所以她只能全身心扑在工作上，而且在当时韩国的社会环境下，女性在职场上也不易，所以她更需要加倍努力。有小病小痛她都不敢请假，公司聚餐时她也要留到最后照顾别人。虽然周围的人都戴着有色眼镜看待职场女性，但她还是通过自己的努力获得了公司的认可，不久前终于可以退休了。

　　母亲在职场的成功，给成俊带来了富足的生活，但他的内心却一直是孤单的。在还需要父母照顾的小学阶段，成俊就学会了自己照顾自己。他每天下课后去上兴趣班，然后就回到空无一人的家里，独自吃晚饭。到了青春期，朋友们都是通过与父母吵架、离家出走和逃课等方式消耗多余的精力和热情，但是成俊没有这种选择。看到妈妈为自己努力工作，偶尔还看到妈妈对着爸爸的照片落泪，成俊觉得自己不能再给妈妈添任何麻烦了。

　　可能正是因为这样，所以成俊待人都很亲切。他很好相处，而且也很会调节气氛，所以大家都很喜欢他。刚认识成俊的人，都觉得他性格开朗、有爱心、有教养。但相处久了就会发现，他内心藏着深深的孤寂。可能他从小就习惯了隐藏自己的真实情感。

　　"别人不懂我，但哥你应该知道我有多么害怕孤单。所以结婚的时候，想到能与一个人共度余生，我就充满期待，也感觉很幸福。"

　　我还记得成俊和我说遇到了结婚对象的时候，他的表情就像个走丢的孩子重新牵到了妈妈的手。婚后，成俊很努力做一个好丈夫、好父亲，当然他也很成功。包括我在内的外人看来，成俊的妻子和孩子很幸福，成俊自己也这样认为。

　　"你前不久还在说自己很幸福，说越想越觉得这个婚结对了。你还说内心很平静，儿时的孤单感也不复存在了。"

　　"对啊，我是说过。但我好像又开始感觉孤单了，虽然没有小时候那么强烈。关键是我很讨厌这种感觉，因为这种感觉会让我对妻子和儿子很愧疚。我到底是怎么了啊？哥，你很了解我，而且还是心理学家，你好好给我咨询一下吧。"

　　"成俊，我说过好多次了，不能给熟人做咨询的。咨询不仅仅是诊断和分析，咨询过程中双方要建立新的关系。原本就认识的人是没法建立新关系的。我是你哥，不是你的咨询师。"

"对，想起来了，你说过什么双重关系之类的。我知道了。那你给我分析一下吧，不需要咨询和建立新关系，只是用你的知识帮我看看到底是怎么回事。我郁闷得都快疯了。没有人比你更了解我了，求你了。"

平时就熟识的人请求我做咨询时，我都很为难。从事像律师或医生等其他专业性的职业的人可以给亲友或熟人提供更好的服务，但心理咨询师完全不行。只是做分析和诊断，再说说自己的见解，也许还可能，但咨询的本质是求助者在和咨询师建立关系的过程中获得新体验。

"我把你当亲弟弟看待，对你也很了解，可从心理学观点去看，又是另一码事儿。看你这么痛苦，我又不能袖手旁观。好吧，但要事先说明，我的话也可能是错的。我不是在对你的情绪下结论，而是在提供一种假设，至于我的假设对不对，只有你自己清楚。"

"好，知道了，谢谢。哥，我是怎么了？我是不想孤单，所以才结的婚，结了婚就不应该孤单了才对啊。刚开始一点都没觉得孤单，但时间长了孤单感就越来越强烈。我是不是不正常啊？"

"不是，成俊，你再正常不过了，你只是在经历孤单的悖论。"

孤单的人生

很多人不喜欢孤单，为了逃避孤单人们会结交各种朋友。但是有了朋友就不孤单了吗？性格合得来的朋友们聚在一起聊天、欢笑、玩耍，这只能让人暂时忘却孤单，一旦和朋友们分开回到家中，孤单的感觉就再次袭来。如果是和性格合不来或者各方面水平差距比较大的朋友相聚，见面的那一刻开始就会觉得孤单，分开以后更显空虚了。

某一天你想和朋友通个电话排解一下孤单，但电话打不通，孤单的感觉瞬间涌上心头。你心想一会儿应该就能联系上，所以暂时把孤单压了下去。果然，电话马上打过来了。

"你打我电话了？"

"嗯，你干吗呢？"

"在跟朋友们玩儿呢，太有意思了。"

"朋友？什么朋友？"

"中学时候的朋友们。你没什么事儿吧？那我们下次再聊，他们在叫我，拜拜！"

挂了电话，孤单感更汹涌了。电话那头传来"嘻嘻哈哈"的打闹声，像悲伤电影里的背景音乐，萦绕在你的大脑里挥之不去。你的心情也很复杂，于是你忍不住想："除了我，他还有别的朋友啊！"你从没期待过自己是对方唯一的朋友，而你也是除了对方以外还有很多朋友，但你完全搞不懂自己为什么会有这种想法。惆怅、孤单、烦闷……各种感觉交织在一起，不能自已。你为了消除孤单感而结交了朋友，可朋友越多你反而越觉得孤单。

你想，如果靠朋友排解孤单只能到这个程度，那恋爱应该会好一些吧。毕竟朋友可以有很多个，但恋人是唯一的，有了恋人自己应该就不那么孤单了，而且你看身边恋爱的朋友们，各个看起来都很开心、很幸福。你觉得都不用问"恋爱了就不孤单了吧？"因为他们的脸上明明已经写着"孤单？那是什么？"于是你决定谈恋爱了。你认真拜托别人给你介绍对象，自己也留意起了身边的异性。以前被你无视的异性，你现在要想方设法接近他们了。

结果，神奇的事情发生了：你都没有开始谈恋爱，只是做了这个决定，孤单就好像已经消失了。这让你心里燃起了希望，你觉得恋爱可以彻底消除你的孤单。你挑了又挑，最终与一个还不错的人谈起了恋爱。起初，一切都很完美，每时每刻都很甜蜜。你们忙着了解彼此，互相交心，肌肤之亲也多了起来。你们互相介绍自己的朋友给对方认识，还会聊起各自的家庭。你们虽然都是第一次恋爱，有些生涩，但感觉内心前所未有地充盈。

你以为孤单就此消失了，但奇怪的是，随着时间的流逝，不知道孤单从何处又开始一点点冒了出来。与恋人在一起的时候虽然很好，但回到家里马上就又觉得孤单了。你周末想约对方见面，可对方说："有家庭聚会，对不起。"你不想让对方内疚，也不想让对方觉得自己没朋友，于是就捏造了个计划："啊，对了，我这周也约了朋友。"对方说："那就好，你玩得开心一些。"然后挂了电话，留下你自己在那里嘟囔："哪有什么狗屁朋友，不就因为朋友排解不了孤单，才恋爱的吗？"

时间久了，彼此没什么可以了解的了，也不像以前那么生涩了，一切都变得自然却又单调。刚开始在一起时，都喜欢粘着对方，如今见了面也是各玩儿各的。虽然在一起总好过自己待着，但如果在一起时仍有孤单感袭来，忍不住会想还不如独处。相处的时间越久，彼此越熟悉，就越觉得孤单。

你苦思症结在哪，最后得出结论：可能是因为彼此的生活分得太开了。你觉得如果生活在一起，如果成为一家人，让彼此的人生融合在一起，就不会那么孤单了。于是你决定结婚了。做结婚准备时，你们会争吵，也会遇到大人小小的问题，但孤单感也消失了。果然有效！结婚该准备的东西太多，忙得不可开交，有时候你甚至会怀念孤单的感觉。这真是天翻地覆的变化，好像完全逆转了人生一样。

就这么一路忙碌着结了婚，度了蜜月，搬了新家。清晨醒来第一眼就能看到对方，结束一天的忙碌躺下来，睡前还能和对方聊聊天，这一切都让你对生活充满感激。你觉得和自己所爱的人结婚，就是和孤单"决裂"了。这是你第一次体验到没有孤单的生活，你想尽可能让这种感觉持续下去。之后，周围的人和你的配偶时不时会提起孩子的问题。你在路上看到小朋友，也会觉得非常可爱。虽然家里不宽敞，但你觉得多一两个人能更好。于是，你们怀孕生子，加入了养育子女的行列中。

可是这是怎么回事儿？本以为人多一点能更热闹一些，孤单的感觉也能少一些。可原本你侬我侬的二人世界里，新增的不是一份热闹，而是无休无止的家务：喂孩子吃饭，哄孩子睡觉，给孩子洗漱，给孩子穿戴，带孩子去医院……你都记不得夫妻俩上一次面对面谈心是什么时候了，也根本没精力去计较这些。你们两个人都要上班，所以说好育儿和家务要一人承担一半。于是，每天一睁眼你们就进入战备状态，一直到夜里瘫睡在婴儿床边才算结束一天的辛劳。

新婚时，配偶一回家就会给你个大大的拥抱，如今对方一进门就急着去抱孩子。孩子来找你，你就觉得对不起配偶，但要是孩子真去找对方，自己又会觉得孤单。这怎么看都像"三角恋"。难道是因为夫妻两个人只有一个孩子吗？你心想，如果有两个孩子，每人都能分到一个，也许会好点儿。于是小心翼翼地向配偶提出生二胎的想法。配偶虽然面有难色，但也曾听闻周围人说一个孩子太孤单，所以也就同意生二胎了。虽然没有生第一个孩子时那么兴奋，但在怀孕和生产的过程中，你们依然充满期待。可是，等孩子出生了你们才发现，两个孩子的家务活儿不只是翻倍，而是指数倍地增长。

以前让身体忙起来，内心就不孤单了。可婚后经过育儿和家务的洗礼，倒练就了身体疲惫和内心孤单并存的本领，你简直要被逼疯了。你向配偶倾诉自己的苦恼，可得到的回应却更让你感到迷茫。

"是吗？我也这样。可是，亲爱的，你明天送孩子去幼儿园时，记得要带上那个购物袋，里面都是幼儿园里需要的东西。还有，明天晚上我们公司有聚餐，可能要晚点儿回来。晚上你要负责喂孩子、给孩子洗漱和哄孩子睡觉。"

"喂，你怎么能这样？我说我孤单！在你眼里，我就是保洁和保姆吗？"

就像这样，"你以为只有你累啊，我也很疲惫""你到底想怎么样""你跟我发火儿有什么用"等不知道是提问、责备还是倒苦水的对话来来往往，夫妻间开始吵架拌嘴了。生活本身就够累人了，感情还受到了伤害，真是身心俱疲。不但自己的孤单没消失，而且觉得自己拖累了配偶，深深的自责让自己更难受。婚姻就是给人生雪上加霜，怪不得大家都说夫妻是"前世的冤家"。但你们不可能就此离婚。晚上吵完，各自睡一觉，天亮又像什么事情都没发生一样照常一起吃饭，照顾孩子，然后上班。

要是像这样还有的吵，就算不错了。更有甚者，会为了排解孤单而出轨。稍好一点儿，也会为了不回家而到处找朋友玩儿，或者独自出去享受自己的兴趣爱好。如果两个人在一起也无话可说，其中一方就会想要从孩子身上得到补偿。不管怎么样，毕竟自己的骨肉不会无视自己。但子女们总有一天会长大，会结婚。这时候你会觉得自己对抗孤单的唯一支柱被抢走了，于是就又陷入与儿媳或女婿的矛盾当中。

要不了多久，孙子孙女会出生，你又可以把自己的孤单交付给隔代人了。虽然带孙子孙女很累，但至少没那么孤单了。如果对孙儿辈的爱或者指望孙儿辈排解自己的孤单的期待能控制在合理的范围内，倒没多大问题，可这谈何容易。老人往往都会为了孙儿辈与儿媳或女婿的矛盾不断加深。子女们当然想回避与父母的矛盾，加上孩子长大了点，子女们也觉得可以自己带了，于是就不再让父母帮着带孩子了。

继子女被抢走后，这下孙子孙女又被抢走了。你满腔悲愤，孤单感又再次席卷而来，让你深感无助。最后，你在挣扎中孤独终老。

幸福的秘密

我一口气讲了一大通，演绎了一辈子伴随孤单、安抚孤单的人生。成俊听完，脸色看起来不太好。

"所以，你到底想说什么？你是说孤单是人类无法逃避的宿命吗？还是你在诅咒我下半生过成那个样子？"

"你是在冲我发火儿吗？"

"嗯！我是让你告诉我为什么会觉得孤单。可你说这一大通，感觉是在诅咒我，像是在说我一辈子都摆脱不了孤单的命运。我能不火吗？"

我告诉成俊，我能理解和共情他的愤怒。我和他说，我不是在诅咒他，而是指出了一种可能性，那是很多因孤单而苦恼的人们有可能度过的一生。成俊发泄完，再听了我的解释，好像心情平复了一些，接着问道："可人生为什么这么孤单啊？在一起不应该是不孤单才对吗？"

"不是的，并非如此。孤单的感觉不会因为你跟谁在一起就消失。"

很多人以为与他人相处，就能消除孤单感。人们认为光明和黑暗是不能两立的，但严格来说我们的内心的状态从来都是两者共存的。例如，有些人就会因为相处太累而主动选择孤单。这几年韩国流行的独餐独饮现象，就是最好的例子。但这不代表他们喜欢一直独处，有时候也会想要到别人的社交媒体上逛一逛。有时候，他们一边享受着独处的时光，一边又会去加入谁都不认识的兴趣小组，参加小组的活动。

无论如何，孤单的感觉是不会消失的，而会伴随人的一生。所以，哲学家们把孤单看作存在主义的问题，也就是说孤单是只要人活着就不会改变也无法回避的情感。这不只是哲学家们提出的乏味的理论而已，生物学家们甚至证明了基因会影响孤单。

发现"孤单基因"

美国圣地亚哥大学的研究小组针对 50 岁以上的成年人进行了关于孤单的研究。研究小组收集了研究对象的身体状况、遗传资料，还有与孤单相关的各种信息。另外还针对被试感觉孤单的程度进行了问卷调查。

科学家们为什么会觉得孤单与基因相关呢？这是因为孤单与抑郁症、双相障碍或精神分裂症等精神障碍有着密切的关系。孤单同时还是精神障碍的诊断标准，精神障碍发病的时候孤单的感觉会大大增强。而上述精神障碍的成因都与遗传有关，所以研究人员假设孤单同样受基因的影响。研究结果也证明了这一假设。比起受教育程度、经济条件、精神健康等心理及社会因素，基因显示出与孤单最大的关联性。

如果孤单会受到遗传的影响，那么感觉孤单的人们都是因为遗传吗？或者，有多少比例的人是因为遗传的影响而感觉孤单呢？

英国剑桥大学的研究小组受助于世界最大的基因信息库生物银行（Biobank），对 45 万多人的资料进行了分析。资料中不仅有基因信息，还有对各类问题的回答。例如，有没有同住的家人，如果独居的话多久会见一次朋友或家人，感觉自己被孤立的频率是怎么样的，感觉自己是孤单的人的频率又是怎么样的等问题。

　　研究表明，表示自己孤单的人身上有共同的遗传变异。遗传变异是指包括基因自身的变化、组合的变化和染色体的变化在内的各种基因变化，而这些变化是会遗传给下一代的。研究人员指出，感觉孤单的人中约有 5% 是从父母那里遗传了相关基因。有趣的是，研究结果显示遗传变异与低学历、肥胖、神经质的性格等相关。例如，如果体重减少会导致遗传变异，会让孤单的感觉减轻。

　　"哥，你的意思是说，我属于因基因而觉得孤单的那 5% 的人吗？"

　　"也有这种可能。你还记得你父亲生前是什么样的吗？或者，你母亲是怎样的呢？母亲是不是也是容易感觉孤单的性格？"

　　"我不太记得爸爸的事情了。虽然我还记得爸爸的容貌，但那时候我太小了，没法知道他的感受。但妈妈确实是容易感到孤单的。别人可能不太清楚。妈妈因为要在经济上承担起抚养的责任，所以出门在外对别人都是很客气很和善的。但是一旦回到家里，她就显露出疲态，还经常会哭。小时候我只是想'妈妈很辛苦'，但等慢慢长大了，就觉得她其实是因为孤单，她跟我一样。"

　　"嗯，很可能你的孤单是因为遗传的影响。"

　　"但是基因又不能改，难道我就要一直这么活下去吗？"

　　"不用，我们有办法让自己幸福起来。"

通常讲到遗传的影响时，人们会觉得所有的一切都是因无法改变的基因而起，难免会感到很沮丧。诚然，遗传的影响比我们想象得要大。研究幸福的心理学家们也研究过人的基因对幸福感的影响，结果显示遗传的影响占 50% 左右。我们在生活中会遇到形形色色的人，有些人会因很小的挫折而气馁，还有一些人就算遇到天大的挫折也能挺过去；有些人天生就开朗和积极，有些人就算没什么事也会抑郁和伤感，这些都是遗传的影响。

听到这里，有人可能会想："果然上帝是不公平的，连幸福都要看血统！我的命运真就这么不幸吗，不管多努力也得不到那 50%！"还有人会想："遗传对幸福的影响比我想得要大啊，但是还有 50%，只要我努力就能得到，值得挑战一下！"我希望，读本书的你，是后者。

寻求 50% 的可能性

如果幸福中有 50% 受遗传的影响，那么剩余的 50% 又是由什么决定的呢？大部分人可能会马上想到金钱、健康、学历、豪宅和豪车、婚姻和生育等自己欠缺的或者需要的东西。但心理学家们的研究结果再一次颠覆了我们的预想。所有这些全部加在一起，只能对幸福感产生 10% 的影响。

我们追求的各种条件对幸福的影响之所以会比我们预想的小那么多，是因为人类有出色的适应能力。没钱的时候可能觉得有钱了马上就能幸福，但等真有钱了，我们也只是刚开始时开心一会儿，之后马上就适应了，也就觉得是理所当然，而不觉得稀奇了。健康也是如此，学历和其他条件也都是如此。细想起来，人生的各种条件其实是很难改变的。想赚到能让自己满意的财富，想提升学历，想让身体健康起来……这些都不容易。虽然没有改变基因那么困难，但很多事情都是我们没法按自己意愿决定和选择的。

也不用气馁，去掉上面那 10%，还剩 40%。幸福中剩余的 40% 会受到我们的心态、态度和习惯的影响，这些都是我们在日常生活中可以选择和决定的部分。比较有代表性的有感恩、宽恕、关注自己的强项和优势、乐观主义、人际关系等。而其中对幸福影响最大的是人际关系。人作为社会性动物，当与他人建立健康的关系时，就能感受到最大的幸福感。

"你说关系？你的话有点儿矛盾啊。我之前说过，我因为孤单而与别人建立了关系，但即便如此，仍感到孤单啊。然后你就说我孤单可能是因为基因问题。你又说基因会让人不幸福，但也有不受基因影响的幸福，然后就开始劝我建立关系。这到底是什么逻辑啊？我明明说过，我建立了关系也会孤单！"

"我说的建立关系，不是单纯地让你与人相识相爱然后结婚。你忽略了关系的核心，所以关系对你一点帮助都没有，而只会像现在这样，让你变得更孤单。"

为什么在人群中也会孤单

只和人同处一个空间，并不能解决孤单的问题。美国的心理学家大卫·里斯曼（David Riesman）针对第二次世界大战后的美国社会，提出了"孤独的人群"的说法。人们看起来像是在一起，但实际上其中隐藏着孤独和孤单。例如，可以想象一下早高峰人潮拥挤的地铁和公交车。在狭窄的空间里挤满了人，但他们之间并不会建立关系。他们互相漠不关心，也不会对话，只是单纯地处于同一个空间中，他们当然会孤单。

那么，成为朋友，互相问候，一起玩耍，或相爱并组成家庭，就能改变孤单的状况了吗？只是做这样的行为，并不意味着建立了真正的关系，因为真正的关系需要正确沟通。尤其是在亲近的关系中，双方都有一种以为自己很了解对方，对方也很了解自己的错觉，所以不太重视沟通。

实际上和父母们聊天时，你会发现，他们都觉得自己知道子女们在想什么，也了解子女们的行为动机。但是，真和子女们聊一聊，他们就会发现自己的话几乎都是错的。夫妻之间也是这样。丈夫以为自己知道妻子有多辛苦，同时也认为妻子同样懂自己的心。但真是这样吗？

知识的诅咒

美国斯坦福大学的心理学家伊丽莎白·牛顿（Elizabeth Newton）曾进行过一项实验。她把参加实验的志愿者分成两人一组，然后抽签决定其中一人扮演打拍者（tapper），另一人扮演收听者（listener）。实验过程很简单，就是拍打者心里想着广为人知的歌曲，然后通过拍打桌面拍出该歌曲的节奏，而收听者听着节奏猜是什么歌曲。

实验人员首先把歌单交给打拍者。歌单上真的是人人都熟知的 120 首歌曲。

看完歌单，实验人员问打拍者，如果不用旋律，只通过拍打桌面的节奏，对方会有多大概率猜出歌名。打拍者笑笑说歌曲太简单了，对方应该能猜出 50%。

打拍者觉得这很简单，挑了个歌曲，随手拍打出了节奏。在打拍者看来可能很简单，但收听者的立场完全不同。要是看着歌单猜可能还好点儿，但他们只被告知是大家耳熟能详的歌曲，其余就只有这"笃笃"的节奏声了。可这世上耳熟能详的歌曲何其多。看到收听者迷茫的样子，打拍者气闷得很，心里想着："这都猜不到？好好儿听啊。唉，郁闷，看来还是没猜到啊。他难道是音痴吗？"

那么，收听者猜中了多少呢？正确率只有 2.5%。打拍者的预测是这结果的整整 20 倍。像这样，错以为自己知道的知识别人也应该知道的现象叫作"知识诅咒"（the curse of knowledge）。

如果你与某人不熟或者不太亲近，就不太会期待对方明白自己的心理。但人们常会有一种错觉，以为好友、恋人、夫妻或家人等与自己熟识的人应该很了解自己内心的状态。所以，在伤心或烦闷的时候，我们以为自己不说出来对方也能明白，期待对方能来安慰自己。惆怅的时候如此，身心疲惫的时候也是如此。

尤其在韩国这种东亚国家，我们从小就被教育不要轻易袒露自己的情感，尤其是负面情感，这是一种礼仪。所以，越是对亲近的人，我们就越不会表露自己的负面情绪，但同时又认为对方必然知道，因此我们很容易陷入知识诅咒中。这种状态下，人们即便建立了关系，也不是在真心相处，所以会变得越来越孤单。

关系的核心是沟通

"你的意思是说，我没有向妻子充分表达我的内心想法，尤其是没有表达我的情感吗？"

"可能从你自己的角度来说，你觉得妻子很了解你。在知识诅咒的实验中，人们也是这么想的。你最近一直抑郁和烦闷，而弟妹肯定也问起过，或者你自己也聊起过自己的状态。但重要的是，弟妹是否像你以为的那样真正了解你的状态。我跟我妻子也为这个吵过很多次。我在工作比较辛苦的时候自顾自地跟她说了自己的境遇，希望她能稍微照顾我一下。结果她好像完全没听进去，跟平常一样，做什么决定还都是先考虑孩子。所以我们经常吵。但吵着吵着我就明白了，妻子并不像我想象的那么了解我的心情。"

"听了你的话，我发现我好像也是这样。我也跟妻子说过我最近的心情，但妻子好像不怎么上心，所以我心里也不是滋味。我慢慢就觉得跟她说什么也没用，但两个人还得住在一起，一起吃饭一起生活。这样每天面对面，反而更觉得自己被忽略了。"

"那之前你每次见我的时候，有没有觉得孤单呢？"

"见你？没有，一次都没觉得。你这么一提，还真奇怪啊，为什么跟你在一起就不觉得孤单呢？"

"我也跟你一样，每次见你也都感受不到孤单。那是因为我们沟通的时候不会隐藏自己的心情和情绪。今天也是，你心情不好，但你说出来了，我也表达了我的心情。我们相识 20 年来都是这样，所以时间再长，也没觉得见对方的时候会孤单。"

与人见面和相处的时候，如果感到孤单，那就说明彼此沟通有问题。如果沟通有问题的话，相处越久，就越会觉得孤单。分析心理学（Analytic Psychology）的创始人卡尔·荣格（Carl G. Jung）也曾指出沟通在关系中的重要性，他说："孤单并不是因为身边没人，而是因为无法与他人交流自己认为重要的感受。"

一个人也要坚强

"哥，谢谢你，我现在明白为什么一直以来都觉得孤单了。我以为和他人在一起就不会觉得孤单，原来不是啊。大概是因为我从小开始就没怎么对周围的人敞开过心扉，对妈妈也没有过。我太爱我的妻子了，所以怕说出自己的困惑会给妻子徒增烦恼，所以到底也没能跟妻子说什么。而且，我还以为妻子能懂我的心情。所以看她没什么反应，我心里就不舒服，孤单感也越来越强。今天回家我要跟她好好聊聊，看看她到底了解多少。还有，我以为自己很了解妻子的感受，但站在妻子的角度应该也不是这样的吧？她肯定也有很多委屈。"

"是啊，成俊，一定要跟弟妹好好聊聊。还有，一定要记住，孤单不是非要消除的，某种程度上，孤单是人所必备的。"

把孤单升华为孤独

人都是父母生、父母养的。人类刚出生时脆弱无力的时期比其他动物长，出生后有相当长的时间需要父母的照顾。这个过程中有两种乍看起来相反的欲求同时在滋长：对关系的渴求和独立的欲望，或者叫对相处的渴望和想独处的心情。所以感觉孤单的人，希望一直能有人相伴。但是一旦与某人建立了交心的关系，又开始渴望独处了。因此哲学家们认为孤单不是需要消除的消极情绪，同时也是无论如何也无法消除的存在主义的问题。

那么应该怎么面对孤单呢？哲学家们建议把孤单（loneliness）升华成孤独（solitude）。神学家、哲学家保罗·田立克（Paul Tillich）曾说："孤单意味着独处的痛苦，而孤独表达了独处的神采。"换句话说，最重要的是如何看待独处。如果独处时想"我是一个人，人们不喜欢我"，那么就会痛苦；如果想着"以后还会有与他人相处的时间，我现在需要独处的时间"，那就会很愉快。

波兰社会学家齐格蒙·鲍曼（Zygmunt Bauman）曾说："只有在孤独这个高级条件中，一个人才可以聚精会神地思考、沉思、反思、创新——因而在最后赋予交流以意义和实际内容。"德国哲学家马丁·海德格尔（Martin Heidegger）同样说过："脱离了受人支配的日常，孤独而充满焦虑的世界，才是我们本真的世界。也只有在这个世界里，我们才能明白存在的意义。"

就像他们说的，如果想在关系中达到能够真诚沟通的状态，我们应该先观照自己的内心。因为只有作为完整的个体存在，我们才能让彼此的关系变得健全。

独处的力量

有些人不断寻找可依赖和依靠的人，这种性格称为"依赖型人格"（dependent personality）。这种人不能忍受独处，而且什么事情都无法独立完成，别说是人生的重大抉择，连点菜之类的日常琐事都希望别人替自己拿主意。小时候依赖父母，上学后依赖同学，长大后依赖恋人或配偶，甚至是子女。其程度之深，会使周围人疲惫不堪，最终都选择离去。他人离去后，他们都来不及伤心，就急着去寻找下一个"救星"、下一个可以依靠的人，就像嗜血的"吸血鬼"一样。但是，想要建立真正的关系，需要独处的时间。

"刚开始恋爱，或者刚结婚那会儿，与所爱的人在一起的确很惬意，但其实也需要时间观照自己的内心。如果把这当作孤单，可能会痛苦和沮丧，但如果看作独处的时间，那应该就不那么难受了。"

"嗯，成俊，你说得对。所以，你看我们俩，拥有各自的时间，见面以后又会坦诚地交流，所以在一起的时候也不会感受到孤单。以后我们也要继续这么相处下去。也希望你不管跟谁相处，都能像跟我一样这么沟通。"

本章要点

▸ 很多人以为人多就不会孤单，但其实孤单无时无刻不在我们心里。

▸ 就算交朋友、恋爱、结婚、生子，孤单也不会消失。

▸ 如果相处的对象不能理解你的心情，反而会使你觉得更孤单。

▸ 孤单是人类的宿命。哲学家们认为孤单是存在主义的问题，生物学家们则认为孤单与遗传有关。

▸ 不只是孤单，幸福在很大程度上也受遗传的影响。为了得到幸福，我们能选择的办法就是建立人际关系。

▸ 正确的沟通方式能让人避免陷入知识诅咒中，进而少一些孤单，多　些幸福。彼此分享情感尤为重要。

▸ 即便沟通完，仍有孤单残留，那就将其化为孤独并拥抱这份孤独。

第三部分

"昨天的我不是
未来的我"

自我关系篇

第七章 | CHAPTER SEVEN
逃避会输，面对才能赢

/ 恐惧心理学

我害怕别人

　　推开咨询室的门走进来的喜敏是个身材高挑、五官清秀的女子，从外表看起来相当精神。但是犹犹豫豫的举止、不安的表情和苍白的脸色，却显露出她的紧张。我小心翼翼地给坐在对面的喜敏介绍起了受理面谈。

　　"我要确认喜敏小姐要做心理咨询的原因，给您提供心理服务建议，然后再给您安排合适的咨询师。今天不是正式的心理咨询，只是为咨询做准备的受理面谈。"

　　喜敏低着头，只是一个劲儿点头。我也不知道她是听懂了，还是在想着其他心事。

　　我马上就感到今天的受理面谈不会轻松。受理面谈要在有限的时间内掌握求助者想要接受咨询的原因、现在的困扰是什么时候开始形成的，以及严重到什么程度等信息。如果是正式的心理咨询，今天没聊完的内容可以下次咨询时接着聊。但受理面谈只有一次，所以如果求助者不积极参与的话，会变得很困难。

不管困难与否，都没时间可以浪费了。越是遇到这种情况，咨询师就越要冷静专注。

"喜敏小姐，您能讲讲看您为什么想接受心理咨询吗？"

"我……害怕……别人。"

她说害怕，我一点都不怀疑，因为她颤抖的声音和低垂的目光充分说明了一切。面对这种求助者，咨询师更应该让对方放松下来，这样才能让对方战胜恐惧，多说一些话，多提供一些信息。我正在思考该怎么接她的话，却见她怯生生地从手提包里抽出两张纸递给我。我以为是什么文件，接过来一瞧，原来她是事先在纸上写出了自己想说的话："我对他人深感恐惧，所以很难把症状说出来，就写了这封信。希望您能谅解。"

我在网上搜了一下我的症状，好像是叫"社交恐惧症"。我害怕别人的目光，我觉得人们会对我做负面评价。走在路上都觉得行人们在审视我，这让我心悸出汗。

我从小就胆小，性格内向。举手发言对我来说都很困难，更别说在众人面前发言了。可总有一些情况是躲避不掉的，这种时候我虽然还是会怕到发抖，但也只能硬着头皮撑下去。与朋友们围坐着聊天的时候，倒没觉得那么害怕。

　　进了大学以后，我尽量避开那些需要小组发言的科目，并勉强蒙混过去了。但大三的时候有个需要小组发言的科目，是专业必修课，躲不掉。课程中需要两人一组做一个课题并展示。我和我的同伴说，所有的资料都由我来准备，只求她把最后的发言揽下来。我跟她从大一开始就是最好的朋友，所以她很了解我的状况，于是欣然答应了。我们一起准备了资料，然后由我整理编辑成文档。可展示当天，我的朋友没有出现。我打电话给她才知道她在来的路上摔了一跤，导致右脚脚踝的韧带受伤，正在去医院的路上。我一下子就慌了。朋友还说，虽然知道我很辛苦，但还是要拜托我一定要把展示做好。

　　我不想走进教室，我感觉心脏都快要炸了，还一直冒冷汗。我甚至想过要逃走。可转念一想，大学毕业后如果要找工作，就要面试，而且进了公司以后肯定也免不了要站在众人面前发言。不管什么时候，总是要面对的。虽然事出突然，但我想无法逃避的状况，说不定就是一个机会。

　　开始上课时，我拿着展示资料走到了教室前面。大概有50多名同学看着我，我被他们的目光压得喘不过气来，只能用颤抖的声音照着稿子念了下去。我虽然低着头，但能感觉到同学们并没有留心听我的发表。就这样挺过了15分钟，我都没有给大家提问的机会，就慌忙坐回位子上。

　　这时候，教授说了一句："演讲人抖成这样，搞得听众都快抖起来了。"瞬间教室里爆发出一阵笑声。我当时真想死，头也不敢抬起来。我想冲出教室，但又怕那样会更受瞩目，所以剩下的时间坐在那里一直发抖，就像秋风中的树叶一样。

噩梦般的课堂终于结束了，我冲出教室，直奔家里。回家的路上我止不住地哭而且很生气。我不是气因突发事件没能出现的朋友，也不是气拿我开玩笑的教授，更不是气那些不听我发言和展示却被教授逗乐的同学们。我是气我自己。

第二天早上，一想到要上学，我就紧张害怕，又开始抖了起来，但还是勉强打起精神去上学了。一走进校园，就觉得同学们都在盯着我。那天课堂上明明只有 50 名同学，但整个校园的学生看起来都像那天在场嘲笑我的同学一样。从此以后，我实在没法继续上学了，只能休学。然后每天出入精神科，每天服用医生开的抗焦虑药。

但我还是怕别人。现在连马路上的行人好像都在用异样的目光看我。

我这么怯懦，没有自信，连我自己都讨厌自己。现在连出门都是个挑战，见亲戚朋友就更不用提了。您说我能变好吗？我能复学，能工作，能过上正常的生活吗？

虽然只是文字，但我能充分感受到喜敏的痛苦。

社交恐惧症，顾名思义，就是对社交场景抱有极大恐惧的症状。受社交恐惧症煎熬的人能有多少呢？专家们说其数量难以估量，因为症状越严重，就越会躲避人群，深居简出。

很久以前就在日本成为社会问题的"宅一族"，也可以说是社交恐惧症的一个"变种"。宅一族已经不只是日本的问题了，在韩国这个问题也变得日益严峻。他们拒绝与人交往，过着与世隔绝的日子。他们的数量无法统计，只能大致估量，据专家说韩国有 10 万到 30 万左右的社交恐惧症患者。

"读了您写的信，大概能明白喜敏小姐有多痛苦了。鼓起勇气来到咨询室已经很不容易了，还提前做了这些准备，可见您有多么想战胜困难。"

听了我的话，喜敏突然哭了起来，然后慢慢开口说话了："老师，我也想逃避，我太害怕了，怕那些人。我真想永远一个人过，但又觉得那样太孤单了。周围没有人能理解我，我能变好吗？"

恐惧的真面目

恐惧是人类生存必需的情感。从原始时代开始，人类就因为能感受到恐惧，所以才能够躲过各种危险，保护自己和家人，保证种族的延续。如果感受不到恐惧的话，人类可能早就被各种猛兽咬死或者死于各种自然灾害。

恐惧对现代人仍然是有用的。人们为了躲避猛兽的攻击，会把动物们圈起来或者设立各种警示牌，让人们远离野兽出没的地方。为了预测火山爆发、山体滑坡或雪崩等自然灾害，人们努力搜集数据，制作尖端装备，检测各种可能的危险。得益于这种努力，现代人已经不太害怕野兽和自然灾害了。

如今，最让人恐惧的可能是交通事故。汽车、飞机、火车和轮船等，为了人类的便利而制作出来的交通工具，往往会反过来威胁人类的生命。所以，父母们不断提醒孩子小心车辆，科学家们不断开发新技术提升交通工具的安全性，政府则制定和完善各种规章制度，为人民的安全提供后盾。

情感是"解释"

那么具体来说，恐惧是怎么保护我们免遭危险的呢？其秘诀就是身体反应。假设你走在路上，突然有一只老虎扑向你，不对，现在不是原始社会，我们把老虎换成摩托车。

如果有摩托车冲向你，你的身体和头脑会怎么反应呢？难道会先想到"被摩托车撞到不死也是重伤"，然后头脑意识到"恐惧"，再查看周围环境，判断出"我该扑向右边，那里有草坪"，接着让心跳加速，四肢发力，实施你的计划？当然不是，我们的身体和头脑的反应方式不是这样的。如果真是这样，那下一秒我们很可能就要抱着摩托车的前轮飞向天国了。

通常在这种情况下，我们的身体和头脑的反应如下：发现摩托车冲过来的瞬间，心跳加速，四肢发力，不分左右，会先跃起来躲避。身体腾空时，会睁开下意识闭上的双眼，迅速打量四周状况；等摩托车过去了，一边放松，一边感觉到自己的心跳和后背上的冷汗，头脑这才意识到"恐惧"，接着才会想"被摩托车撞到不死也是重伤"，然后感到庆幸——"幸亏扑向了有草坪的这边"。

也就是说，不是先感觉到恐惧再有身体反应（心跳加速，过度呼吸），然后才做出躲避行为。实际是，我们在感知到危险的瞬间，身体反应和对情况的判断同时发生，我们会首先采取行动，之后才会意识到自己的情绪。总之，不是因为害怕，身体才反应，而是身体反应完才意识到恐惧。

在这种情况下，我们的身体会表现出"战逃反应"（战斗或逃跑反应）：如果能战胜威胁就战斗，如果没有胜算就逃跑。战逃反应是交感神经系统启动的结果。具体来说就是会使心跳加速，把血液加速输送到全身的肌肉中；会加速呼吸，吸入更多氧气；会放大瞳孔，搜集更多外部信息；消化系统会暂时抑制排泄作用，同时手心出汗。这一系列变化非常迅速，而且是自发地发生的。严格来说，在我们的头脑意识到恐惧情感之前，我们的身体会先做出反应。

我们不是先意识到恐惧再有身体反应，而是身体先做出反应再意识到恐惧。这话不太好理解吗？我们可以看一个心理学实验。

情感是"经验"

美国哥伦比亚大学的心理学家斯坦利·沙赫特（Stanley

Schachter）和杰罗姆·辛格（Jerome Singer）以研究"新开发的维生素补充剂对视觉的影响"为名，招募了一批被试。他们先给被试注射补充剂，再让他们在等待室等 20 分钟直到药效起作用的时候为止，然后再给他们进行视力检查。

实际上，这个实验的真正目的是确认情绪与认知之间的关系，给被试注射的也不是维生素，而是肾上腺素。肾上腺素是一种唤醒剂，能加速心跳，让呼吸变急促，也会导致脸发烫、手抖等症状。实验者是想看看身体被人为唤醒以后，在什么情况下人会产生情绪波动。

被试接受完注射以后，被要求在等待室等上 20 分钟。等待过程中，伪装成被试的演员开始对实验表达不满，让整个屋内的氛围变得很紧张。但进入等待室前注射的时候，第一组被试被告知注射药物（被试以为是维生素）后可能会出现的身体反应，第二组被试则没有得到任何提示，而给第三组被试注射的是生理盐水。

在这三组被试中，哪个小组的成员会受同一等待室内的其他被试的影响产生不悦、愤怒等情绪呢？那就是第二组被试。第一组被试在肾上腺素的药效发挥出来的时候，想起了实验者的提示，他们觉得自己的身体反应是药物导致的，所以并没有产生情绪反应。第三组被试，因为没有身体反应，所以也没有表现出任何情绪反应。

但是第二组的被试们在身体被唤醒的时候不明白其原因是

什么。此时，他们看到与自己处境相同的一个被试表现出不满和愤怒。于是，他们给自己的身体反应找到了原因。他们把自己的身体反应归因于不喜欢这种等待而产生的愤怒。

实验并没有就此结束。实验者换了一批被试，这次实验者让伪装成被试的演员讲一些笑话逗大家笑，把等待室里的氛围弄得很愉悦。这次也一样，第一组和第三组被试并没有表现出情绪反应。相反，第二组被试则把自己的身体反应归结为快乐愉悦。

这个实验的结论很明显。人在认知自己的情绪之前，身体反应先行。同时，同样的身体反应，也可以成为快乐和愤怒这两种完全相反情绪的基础。

恐惧也是如此。人不是先感知到恐惧再有身体反应，而是根据身体反应去认知恐惧情绪。但被人归结为恐惧的身体反应同样与兴奋、惊讶和刺激等有关联。我们可以想一下大家看恐怖电影或参与其他恐怖体验时的反应。有些人因为恐惧而瑟瑟发抖，还有一些人觉得很有意思而要求继续，这两种人的身体反应其实是一样的。他们有同样的身体反应，但是因之前的经验不同，有些人感受到的是恐惧，而有些人感受到的则是兴奋。

逃避不能解决问题

来心理咨询中心求助的人当中，有很多因为恐惧而受煎熬。

恐惧具体有哪些症状呢?

根据被精神科医师和心理学家们作为精神障碍诊断标准的《精神障碍诊断与统计手册（第 5 版）》(*Diagnostic and Statistical Manual of Mental Disorders*, DSM)，与恐惧相关的典型症状是焦虑障碍。虽然也有专家会区别对待针对特定对象的恐惧（fear）和没有对象指向的焦虑（anxiety)，但 DSM 中所说的焦虑障碍是包含这两种情绪的。焦虑障碍中最典型的就是恐惧症。恐惧症可以具体分为特定恐惧症、社会恐惧症和广场恐惧症。

因恐惧而受煎熬的人们

特定恐惧症（specific phobia）是对特定对象和在处于特定情景之时会觉得恐惧的症状，根据不同对象和情景特定恐惧症可以细分为动物、自然环境、血—针头—伤口和情景等分类。动物恐惧症的主要症状是对鸟、虫、狗、猫等动物有恐惧心理，自然环境恐惧症的主要症状是恐惧闪电、雷声和深海等，血—针头—伤口恐惧症的主要症状是恐惧血液、针头、皮肤上的伤口和死皮等，情景恐惧症的主要症状是恐惧封闭空间和高空。

社交恐惧症（social phobia）也叫"社交焦虑障碍"（social anxiety disorder)，其特点就是在社交情景中会感到恐惧。大多情况是在他人面前引起关注的情景下如演讲等感到恐惧。如果严重的话，就会像喜敏这样，连见朋友都会很困难。社交恐惧症患者不出门的原因就是害怕别人的目光。

广场恐惧症（agoraphobia）不是指对广场的恐惧。其中 agora 源于古希腊语，是指古希腊都市城邦的市民们自由讨论的场所。所以，这里说的广场是指除了自己的家等私人空间以外的所有公共空间。患者会抗拒使用公交车、地铁、火车等大众交通工具，也会惧怕飞机等中途无法离开的封闭空间。想要去这种场所，就需要有人陪伴，这是因为担心惊恐发作。

惊恐发作是指引发恐惧的身体反应在几分钟内达到极限状态的现象，具体来说有心跳加速、冒冷汗、颤抖、气喘、像被人扼住喉咙一样的窒息感、胸痛胸闷、欲呕吐感等，此外还有腹痛、眩晕、身体发冷和感觉异常，以及身体麻痹等。伴随着生理症状，还会出现心理症状，甚至会出现非现实感（感觉自己与世界分离）或人格解体（自我感消失，感觉自己很陌生），还有对自控力丧失的恐惧（怕自己就此疯掉），以及对死亡的恐惧。

惊恐发作是在没有触发事件的情况下突然出现的身体症状，患者自己也很难预料。所以他们会尽量避免出现在那些有任何一丝可能引发其焦虑的场所和情景中，而倾向于待在家里。待在家里能减轻焦虑感，哪怕惊恐发作，也有家人或同居者在旁照料。所以他们很排斥外出，如果一定要外出，就需要家人或恋人同行。

除了恐惧症之外，以恐惧为表现特征的精神障碍还有创伤后应激障碍（posttraumatic stress disorder，PTSD）。当个体亲身经历或目击对其心理造成巨大冲击的事件时，会出现创伤后应激障碍。这里说的事件，包括恐怖袭击和重大案件或事故等。2001年美国"9·11"恐怖袭击的幸存者、目击者和参与救援的人员都在经受创伤后应激障碍的煎熬。而在韩国，2003年的"大邱地铁惨剧"和2014年的"世越号事件"都是典型案例。个人经历的交通事故或暴力行为等，也会引发创伤后应激障碍。

　　创伤后应激障碍引起专家们注意的源起，是在参战军人中出现的症状。战争结束后，有些参战军人的行为仍然和在战场时一样。他们有时候会误以为自己仍在战场上（再体验症状），因此他们想回避所有能让人想起战争的事物（回避症状），他们的想法和情感会变得消极（认知及情绪的消极变化），并且长期处于紧张状态，这种情况会逐渐恶化（觉醒与反应弱化）。研究表明，上述四种症状，不只出现于战争，当个人经历冲击性事件时也会出现。创伤后应激障碍的特征同样是恐惧。

　　能用恐惧解释的另一种精神障碍是强迫症（obsessive compulsive disorder，OCD）。强迫症是以强迫性思维和强迫行为为主要表现的精神障碍。强迫性思维就是让自己感到强烈的焦虑和恐惧的想法。患者觉得这种想法不像是自己的，而像是从外部侵入大脑里的，而且会自动产生，所以患者常会有自我疏离感。

　　例如，溅到污水时会觉得细菌遍布全身；想象有人会突然攻击自己；在安静的空间会突然大声喊叫，或担心自己会喊叫；

担心某个从理性角度看完全不可能的对象会与自己发生性关系等。这些想法中有很多是社会所不接纳的禁忌，所以会更让人焦虑、恐惧和痛苦。

产生这种强迫性思维以后，很多人为了消除焦虑和恐惧会做特定行为。对污染有强迫性思维的人会经常洗手或洗澡。有些人为了消除强迫性思维，会整理东西。还有些人会按特定的次数重复做某个动作，他们会重复做如开手机、拧门把手和上下阶梯等常人可以自如完成的事情。这就是强迫行为。

强迫行为不是随机或随意做的，而是有着特定的程序和方法，就像某种仪式一样。例如，对污染的强迫性思维引发的洗手或洗澡等行为，也有具体的方法。当然，这会耗费大量时间和精力，会对日常生活带来困扰。强迫行为还包含特定的思维模式。例如，当产生强迫性思维时，机械地反复祈祷，或反复念特定数字和单词，直到焦虑和恐惧消失为止。

这种强迫症也可以用恐惧来解释。所有的强迫行为都是为了中和或削弱强迫性思维带来的强烈焦虑和恐惧。

逃避战略的局限性

受恐惧困扰的人们为了逃出恐惧，无一例外都会选择逃避战略。我在前文中提起过，人在恐惧的时候交感神经系统被唤起，会心跳加速，呼吸急促，处于一种战逃反应状态。但为什么大多数人都不选择战而会选择逃呢？如果恐惧的对象是一只小狗，也许还可一战。但我们前面提到的各种恐惧，都来源于不能与之战斗或无法与之战斗的对象。

我们不能因为惧怕他人的视线，就与他人发生肢体冲突。如果我们怕一只小鸟，就要向小鸟投掷石块吗？就算真的解决了眼前这一只，就真的会天下太平吗？并非如此。毕竟这世上的鸟多到数不清。广场恐惧症又如何呢？当死亡的恐惧伴随着身体反应突然出现时，你还能独自逛街吗？因过往的创伤而感到恐惧时，你又能与谁、与什么战斗呢？如果你所恐惧的是自己的想法，那你又要怎么与自己看不见的想法战斗呢？

所以，对受恐惧困扰的人来说，逃避看起来才是唯一可选的战略。因为逃避会即刻见效，能马上让人感到平静。不喜欢别人就可以一个人待在家里，怕狗就可以选择走没有狗的路线。惊恐发作后没法独自乘坐公交车或地铁，那就坐出租车或自己开车。如果害怕过隧道，大可绕路，无非就是多花点时间。如果总想起过往的创伤经历，那就回避所有激起你回忆的外界刺激。如果强迫性思维让你恐惧，不是还有可以中和恐惧的强迫行为吗？

这种逃避策略虽然可以使我们在短期内规避恐惧的困扰，但也会导致最终避无可避的反效果。

因为，我们的日常生活中有太多让人恐惧的事物。患有社交恐惧症的人不可能永远都不与人接触，患有鸟类恐惧症的人，除非移居到没有鸟类的星球上，不然也没法避开鸟类。患有广场恐惧症的人外出的时候希望有人陪伴，但没有人可以永远陪在其身边。创伤后应激障碍或强迫症的恐惧对象是过去的回忆或特定的想法，也就更加无处可逃了。

归根结底，所有的恐惧，不是你想逃就能逃得掉的。恰恰相反，你越是逃避恐惧，反而会陷得越深。

逃避肯定会输，面对才能赢

为什么越想逃避恐惧就越是逃不掉呢？原因有两个。如果选择逃避，那么，第一没法熟悉恐惧，第二没法找到克服恐惧的办法。

地球上所有生物中，人类是适应能力最强的动物。人类为了生存会想尽办法适应环境，就像人们常说的"靠山吃山，靠海吃海"一样。人类虽然身体没有野兽强健，但可以制作各种工具，可以掌握野兽的弱点并对其进行攻击。何止如此，就算在自然灾害频发的地区，人类也能找到安全的栖息地，能创造舒适的居住环境。

人类就是靠这种出色的适应能力战胜了各种困难，生存了下来。反过来看，感到恐惧说明其实还没有适应。那么为了适应，人类需要什么呢？就是需要经常暴露在困难中，熟悉困难。对于野兽和自然灾害的威胁，人类也是熟悉以后才适应的。

直面并熟悉恐惧

熟悉并适应，不只适用于身体威胁，对心理威胁同样有效。害怕他人的责骂，某一方面正好说明受到的责骂还太少，如果有了足够多的经历就会熟悉起来，也就不会害怕了。

熟悉了就不会害怕，这是我们心理的基本特征。前面说过的恐惧症也是如此。出生在养鸡场，从小就和鸡打交道的人会患上鸟类恐惧症吗？小时候在山野间以抓虫子为乐的人会患上昆虫恐惧症吗？当然不会。养狗的人不会怕狗，养猫的人也不会怕猫。

如今，威胁现代人性命的不再是野兽，而是汽车了。根据韩国警察厅的资料，韩国 2017 年交通事故的死亡人数是 4 185人，也就是每天死于交通事故的人数超过 11 人。而被野兽或猫狗等动物咬死的人却很少。尽管如此，几乎没什么人会声称自己有汽车恐惧症。为什么呢？就是因为大家太熟悉汽车了。熟悉就可以战胜恐惧。因恐惧而选择逃避，等于剥夺了战胜恐惧的机会，只会让自己越陷越深。

要有现实感

我说经常接触并熟悉自己所惧怕的事物，就能战胜恐惧，也许有些人就不会同意这个观点。尤其像喜敏这样，因惧怕别人的目光而受社交恐惧症煎熬的人，更会有这样的质疑：从一出生就与人为伍，可为什么还会有社交恐惧症呢？

　　如果想通过熟悉自己所惧怕的事物克服恐惧，那恐惧的对象应该是像自然一样有某种规律，或像动物那样是可预测的。可人是怎样的呢？人的思维和行为遵循着某种原理和规律，所以某种程度上是可预测的。但人和人之间的差异却很大，所以不是专家的话很难预测人的行为。这时候，不仅需要反复接触和熟悉自己所惧怕的事物，也要辅以更细致的方法去克服恐惧。

　　大部分社交恐惧症患者也是舞台恐惧症患者，舞台恐惧症患者一般在与人们围坐着聊天等情况下，因为自己不太受到关注，所以不大会有不适感。但如果站到舞台上，成为人们瞩目的焦点时，就会产生恐惧感。害怕在同学面前演讲而一直逃避各种课程的喜敏，就是这样。

　　像喜敏这样因为害怕演讲而选择逃避，将永远无法摆脱这种恐惧。如果惧怕演讲，首先不应该逃避，其次应该找到方法做好演讲。如果硬让一个害怕演讲的人去演讲，那是很难有好结果的，他们通常都会声音发颤，语无伦次。人在舞台上看不到自己的样子，只能看到下面的人，所以也弄不清到底哪里有问题，观众反应不好时也很难正确评价自己的表现。但如果因为惧怕失败而放弃挑战，那也就更难找到克服恐惧的办法了。因此，社交恐惧症的治疗过程里会包含用摄影机拍下自己的演讲并回看的项目。了解自己什么样的表情、语气和行为导致人们的反应不好，这是非常重要的治疗步骤。

我以前也有舞台恐惧症。我一站到人群前面，就会脸红心跳，感觉很难受。每当这个时候，总有好事的人指出我的毛病。借写书这个机会，我要对这些人说一句："这很烦人！"成了心理学专栏作家以后，我会接到各种演讲邀约，舞台成了我无法回避的场所。既然无法逃避，我就只能熟悉和适应了。在一次次演讲过程中，我开始留意自己的语言和行为会引起观众怎样的反应。大概坚持了 7 年左右之后，我终于感觉到了惊人的变化。演讲时即使人们的反应不好，感觉他们都在面无表情地盯着我，我也一点都不会慌张，更不会害怕！

喜敏搞砸了演讲以后，社交恐惧症加重，导致她现在连陌生人的目光都会恐惧。为了躲避别人的目光，她都不敢外出。有一件有趣的事情是，患有社交恐惧症的人虽然对人们的目光和表情很恐惧，而且也有敏感的反应，但实际上他们不太能读懂人们的目光和表情。通俗一点讲就是，他们经常看人脸色，但实际上没什么眼力见儿。他们认为人们肯定是无缘无故或是因为自己碍眼而讨厌自己的。为了克服这一点，他们必须不断面对别人的目光和表情，锻炼客观和准确的解读能力。

恐惧只是假象

喜敏演讲完，同学们因为教授的玩笑而哄堂大笑。喜敏把教授和同学们的反应看作在挖苦自己或是在嘲笑自己糟糕的演讲，进而陷入恐惧当中。至今她仍认为别人都在用负面的目光看待自己。但如果你是在场的同学，会怎样呢？当时你可能也会笑，但那只是因为教授的话好笑。实际上就算喜敏的演讲乏味，不能引起你的兴趣，但大多数同学还是能理解喜敏在台上紧张的表现。

当然也可能会有同学觉得喜敏糟糕的演讲影响了课堂效率。但就算真有这种人，下课以后他也很可能不会再去想喜敏的演讲了。喜敏既不是什么公众人物，也不是自己的亲人，没人会反复琢磨喜敏糟糕的表现，更不会一直记恨她毁了一堂课。人们其实并没有那么在乎其他人。比起喜敏的演讲，他们有自己的课题，有自己的亲友或恋人需要操心！

因恐惧而选择逃避，不仅没法熟悉恐惧，更找不到可以克服恐惧的办法，只会让自己一辈子被恐惧左右。

只要不放弃，就一定能赢

来心理咨询中心求助的人当中，常有因抑郁症过于严重而无法接受心理咨询的情况。这时候我们会建议对方先去医院接受药物治疗。紧急情况下，先要用药物调整抑郁情绪，才能纠正因自身扭曲的思维模式和人际关系引发的认知错误。

但焦虑就不一样了。如果焦虑症患者不接受心理治疗，而是服药的话，只能治标不治本，药效过了，马上又会陷入焦虑当中。所以，专门治疗焦虑障碍的精神科医生们，反而更强调心理治疗的作用，而不是药物。比起抑郁症或人格障碍等其他精神障碍，心理治疗对前面所说的恐惧症、创伤后应激障碍、强迫症等与焦虑有关的心理障碍的效果会明显好很多。虽然治疗过程很辛苦和困难重重，但只要不放弃，与焦虑相关的精神障碍是完全可以克服的。

放松身体

那么，想要克服焦虑和恐惧，应该怎么做呢？像前面说过的，首先应该让自己与自身所惧怕的事物熟悉起来，心理学上的专业用语叫"暴露"，它是指应该把自己暴露在恐惧的对象和情景中，使自己熟悉起来，然后客观和现实地理解情景，学会用自己的办法控制情景。当然，并不是一味地暴露就能解决问题。恐惧是对身体战逃反应的解释，所以应该先让身体放松下来。

以治疗为目的的放松，是一种彻底的放松，完全超越单纯的身体拉伸等活动。有代表性的是渐进式肌肉放松法（progressive muscle relaxation），这一方法将从头到脚的身体分成 16 个部分，相应地我们需要分阶段进行放松练习。我们在自己的身体处于舒适和柔软的状态下是不可能有恐惧的。我们可以用这种方法让身体进入放松状态以后，再试着暴露在恐惧的对象或情景下。原本放松的身体会重新紧张起来，会心跳加速、呼吸急促。这时候我们需要再次进行放松。如此反复，感觉舒适了就暴露，身体紧张了就放松。经过这种反复练习之后，即便以后暴露在恐惧的对象或情景下，我们也会因为身体处于舒适状态，从而可以战胜恐惧和焦虑。

放松法配合腹式呼吸，效果会更好。恐惧和焦虑的时候，我们的呼吸会变得急促，此时的呼吸大部分都是胸式呼吸，就是用胸腔呼吸。胸式呼吸不能吸得很深，所以会有气闷的感觉。但也因为吸得较浅，所以另一方面可以快速呼吸。呼吸不深的话，进入肺部的氧气量会减少，会让人更想快速呼吸，从而陷入恶性循环中。这种恶性循环达到极限就是过度呼吸。过度呼吸不是字面意思上的呼吸过度，而是几乎不喘气的呼吸。

相反，腹式呼吸利用下腹部让胸腔变得更大，肺部也就变得更大，能吸入和呼出更多空气。做腹式呼吸，身体自然就会变得放松舒适，也就是说身体进入了摆脱恐惧的最佳状态。

我们通过彻底放松和腹式呼吸，还有反复暴露，肯定能够克服焦虑和恐惧。

放松心灵

治疗社交恐惧症的最佳环境是小组咨询。首先通过放松法和腹式呼吸让身体充分放松，然后在小组这个社交情景中反复暴露。一个小组中通常有10名左右的成员，大家围坐在一起，当一个人说话时，会有大约9个人在关注他，所以说话的人会像站在台上一样紧张。但只要他不放弃，在放松法和腹式呼吸的辅助下不断尝试暴露，最终会战胜恐惧。

另外，像喜敏这样认为别人讨厌自己的人，可以在小组咨询过程中直接坦率地问其他人，自己的表情和行为是否看起来奇怪，是否让人觉得讨厌，从而找到具体的办法让自己在别人眼里看起来更自然。小组咨询给参与的成员事先定好了原则，他们为了彼此，必须坦诚交流，所以可以顺利地进行这种问答活动。如果是因为自己的语气或视线让别人感到不舒服的话，那么首先自己要明白症结在哪儿，这样才能纠正自己的行为。如果不是家人或好友的话，其他人也许不太会给人指出这些问题。但在小组咨询中，彼此都希望对方坦诚，同时大家也是为了进行这种活动才聚到一起的，所以能更容易得到他人对自己状态的反馈。

我把上面这些内容详细地讲给喜敏听，同时建议她参加小组咨询，并且很明确地告诉了她战胜恐惧的方法。

"喜敏小姐，只要不放弃，就一定能赢。"

"老师，您的话我完全可以理解，但我还是害怕。"

"嗯，这很正常，我以前也这样。"

听到我以前也这样，喜敏第一次抬头瞄了我一眼。我和她说我自己差不多有十年时间也是因为害怕别人，所以几乎走路时都只看地面。之后参加了小组咨询，当面与小组成员确认自己对别人的目光的消极想法是否准确，并通过了解小组成员的建议，知道了如何让自己表现得更自然，并最终战胜了恐惧。

"喜敏小姐，我在长期参加小组咨询的过程中，领悟了一个道理，那就是别人对我并不太感兴趣。我演讲得好与不好，这种影响也只是当时的那一小会儿。我不是听众的家人或恋人，更不是什么明星，他们怎么会对我有兴趣呢？"

喜敏的脸上瞬间绽开了笑容。我也笑了。因为我想起了以前，认为别人都讨厌自己而离群索居的日子。

"那，老师，我想试试。"

喜敏终于鼓起了勇气。虽然有科学认证的系统化方案，其效果也很显著，但我深知这个过程并不会轻松。所以，我在心里默默为她加油，希望她能战胜自己。

本章要点

▼ 恐惧是生存所必需的情感。

▼ 面对恐惧时，身体会处于战逃反应状态：能赢则战，不能赢就逃。

▼ 让现代人恐惧的，通常都是无法与之战斗的对象，所以人们都会选择逃避。

▼ 如果选择逃避恐惧，就无法熟悉恐惧，更无法找到能克服恐惧的办法，只会让自己一辈子被恐惧左右。

▼ 与恐惧相关的精神障碍有恐惧症（特定恐惧症/社交恐惧症/广场恐惧症）、惊恐发作、创伤后应激障碍、强迫症等。

▼ 为了克服恐惧，首先应该练习彻底放松和腹式呼吸，然后把自己暴露在恐惧的情景中，这样才能适应恐惧，找到克服恐惧的方法。

▼ 战胜恐惧的过程虽然很辛苦，但只要不放弃，就一定能赢。

第八章 | CHAPTER EIGHT
可控与不可控

/ 无助感心理学

不是你的错

2017 年 10 月，有受害人爆出美国好莱坞著名电影制作人哈维·韦恩斯坦（Harvey Weinstein）近 30 年来持续对女演员和公司女职员实施性暴力和猥亵。对此，美国女演员、歌手艾丽莎·米兰诺（Alyssa Milano）发起"我也是受害者"运动（#MeToo），并呼吁曾遭受性暴力的人们勇敢站出来揭露恶行。艾丽莎此举是希望让众多受害者们知道自己不是一个人，也希望借此警告世人，让人们提高警惕。

艾丽莎的呼吁发出不到 24 小时，就得到了 50 多万人的声援，另有 8 万多人在自己的社交媒体上加上了"MeToo"标签，并揭露了自己遭受过的性骚扰、猥亵和性暴力。"MeToo"运动就此开始。

"MeToo"运动跨越国境和人种，很快传遍了全球，受害者们纷纷站出来说出自己一直埋在心底不敢说出的往事。韩国也不例外。以司法界、政界和文艺界为中心，韩国掀起了一股控诉的狂潮。那些被曝光的施暴者们纷纷遭到警察的调查，开始偿还自己犯下的罪行。同时，他们也失去了在自己所属领域里的权威性和名誉，丢掉了饭碗，甚至有人自杀。

看着"MeToo"运动在各地开花，我心想该来的终于来了。实际上遭受过性骚扰、猥亵和性暴力的人，远比我们想象得要多，而且受害者也不只局限于女性。

我自己在军队里就有过遭受猥亵的经历。当时我也不太明白正在发生着什么，也没人教过我这种状况应该怎么应对。无助的我只是希望时间能过得快一些。时间不急不慢地流逝着，但终于"那家伙"退伍了，我不用再面对可怕的状况了。可一切并没有就此结束，曾经的回忆一直在折磨着我。

在读心理学本科时，我有一次与同学们去参加了新生联谊。晚上我们东拉西扯聊到很晚，突然有人提起了自己曾在性方面被人欺负过的经历。他说这件事从未和任何人提及过，然后就开始哭了起来。可是，令人吃惊的是，在场的所有人几乎都有过类似的经历。我也第一次说出了自己在军队里遭受过的痛苦。我们互相安慰，一起痛骂那些施暴者，宣泄心中积郁已久的愤怒。那天的经历给我带来了莫大的安慰，因为我发现自己不是一个人。

你可能会好奇，怎么可能在场的人都会有类似的经历。可是你要知道，有这样的遭遇，并不是因为我们有多特别，而恰恰是因为我们都是普通人。作为一名心理学家，工作中会遇到太多人向你述说自己不堪的私隐。这其中就有很多是性暴力的受害者。有时候我甚至都怀疑，这世上是不是人人都经历过这些事情。

2011 年韩国性暴力咨询所出版了一本相关的书，其副标题是"性暴力受害者 DIY 指南"。遭受性暴力的人真不是受到了特别的诅咒或有什么厄运，我们每个人都有可能是受害者，而且我们当中真的有很多人就是受害者。这本书的书名就已经能给人带来很大慰藉了，"MeToo"运动也有类似的效果。

"只有我一个人"的想法已经让人很痛苦，但还有一件让性暴力受害者们更痛苦的事情，那就是受害者往往会自责，而不是指责施暴者。当然，把原因归结到自己身上的行为在其他类型犯罪的受害者身上也很常见，但这个现象在性暴力受害者身上尤为严重是因为性问题有其独特性。

如果是因经济问题而受伤害，那施害者和受害者很容易分辨。如果是人身伤害事件，也是一样，有明显的施暴者和受害者，很好分辨。但性问题不太一样。性关系的发生可能是单方面施暴，也有可能是双方协商好的。所以，当遭到性侵害时，受害者往往会因为怕别人误会，所以不敢公开自己的遭遇，反而会陷入自责当中。我曾经也是这样。

"是我不够小心，不然不会发生这种事情。"

"一开始就应该远离那个人，我是怎么搞的？"

"当时就应该报警，是我让事情变成这样的。"

"是我给对方传递了什么错误信息吗？或者是我刺激到了他？"

这些问题会一直萦绕在受害者心头，很自然会使他们把施暴者的错误揽到自己身上。最后导致分不清到底谁是施暴者，谁是受害者。结果就是施暴者活得好好的，受害者却在过去的记忆和现在的痛苦中挣扎。严重的话，受害者除了自责之外，甚至还会自残。

所以，每名咨询师接受督导时，督导师都会强调，面对性暴力受害者时，首先应该明确分清施暴者和受害者。同时，老师还会告诉你保护受害者的身心健康是首要任务，在任何情况下都不能向受害者问责，也要特别留意用词和语气，不能让受害者以为自己给对方提供了动机。

那么到底什么是性暴力呢？性暴力的施暴者与受害者又是怎么区分的呢？

无论是谁，在你没有明确表示同意，即说出"我愿意"的情况下，强行做出与性相关的行为，就属于性暴力；未经你同意，对你说出引起性羞耻的话，就是性骚扰；未经你同意发生性接触，就是猥亵；未经你同意企图强行发生或实际强行发生性关系，就是性侵。

这时候，对方就是施暴者，你就是受害者。所有的责任都在施暴者身上，所有的指责和处罚，也都应该由施暴者承担。受害者不应受指责，也不该被问责，更不能以任何形式伤害或处罚受害者。执法人员、咨询师、家人或朋友……无论是谁，都不该指责或问责受害者。最后，受害者自己也不该自责。

为什么会觉得无助

为什么受害者会自责，而不是指责施暴者？受害者从自身找原因，认为自己给对方提供了动机的原因是什么呢？有很多种原因，但其中最有说服力的是控制错觉（illusion of control）。控制错觉是指在自己实际无法控制的情况下，以为自己可以控制事件的错觉，也就是判断错误。

随着时间的流逝，所有事情都会水落石出，人们将能看清原因是什么，也能明白这个原因上附加了什么其他条件才导致了最后的结果。所以，历史学家们可以轻描淡写地分析过去的事情。但历史学家毕竟不是历史事件的主角，就算对某件可怕的历史事件，也只能说"当时这个人不该这么做，很可惜"。但人们在分析和理解亲身经历时的想法却是"我当时要是没那么做，就不会发生这种事情了"。于是，受害者开始自责当时不该做那样的决定和行为。

自责很容易演变成自残，所以不能轻视。正是因为自责，所以明明自己是受害者，却不敢让人知道并且独自在痛苦中挣扎。这种痛苦可以说是为获得控制感而付出的代价。那么，人们愿意付出这么大的代价想要得到的控制感，到底是什么呢？

控制感是自尊的来源

从个人角度来说，控制感是自信和自尊的源泉，是人生的动力。我们可以看看婴儿。婴儿会用感官探索这个世界，会自觉地活动四肢，会摆弄各种物品。没有人让他们这么做。一旦通过不断尝试慢慢掌握了规律，他们就拥有了控制权。有了控制权，他们就可以随时按自己的方式摆弄物品。如果事情按自己的意图发展，他们就会开心。这就是控制感。等他们稍微长大一点，他们就会通过和父母耍赖得到自己想要的东西，这也让他们获得了控制感。

朋友或恋人之间，也会为了让对方按自己的意愿行动而吵架，这也是控制感。青少年违抗父母或老师的意愿，也是因为不想受到别人的控制，想要拥有自己的控制权。学习好的话，升学和求职的选择范围就会变大，自己能控制的范围也就会变大。所以，追求好成绩也可以用控制感解释。

人想要赚钱也是一样的道理。有钱就能做很多事情，能尽情吃自己想吃的，甚至可以做到其他人难以做到的事。我们这个社会，有无数人花钱雇人做本该由自己做的事情。夫妻之间"抽刀断水"式的吵架，也是因为不想在亲密关系中失去控制感。想在公司升职，想成为某个领域的专家，都是因为想拥有控制感。

我们不一定非要实际操控什么才能获得控制感。控制感是一种感觉，所以就算没有实际的控制行为，只要对自身、对世界、对某种现象和事件有充分的了解，一样可以获得控制感。换句话说，追求知识、探究未知的欲望，同样是因为控制感。我们看看人们聊天时是怎样表现的。近到自己的家人或朋友，远到艺人或政治人物，还有体育和国际形势，人们聊起任何话题，都表现得好像自己无所不知，甚至好像可以未卜先知。这正是因为人们通过"知"，也能获得控制感。

为什么会感到无助

想要知道控制感有多重要，可以看看失去控制感时会发生什么。失去控制感时会出现的心理状态是无助。无助就是感觉自己没法控制情况时的状态，这也是包括抑郁症在内的各种精神障碍的病因。

作为积极心理学创始人而被人们熟知的心理学家马丁·塞利格曼（Martin Seligman），20世纪60年代还在大学里攻读研究生时曾用狗做过一个著名的实验，叫作"习得性无助实验"（learned helplessness）。

塞利格曼把几只狗分成三个小组（A组、B组、C组），然后电击前两组的狗。电流加在地板上，强度不大，虽不至于影响狗的健康，但依然会带来痛苦。当地板通上电以后，狗会因为痛苦而跳来跳去。

塞利格曼给 A 组提供了可以控制电流的按钮。狗偶然触碰到按钮，电击就消失了。稍后重新施加电击，狗比之前更快地按下了按钮。如此重复几次以后，一有电击，A 组的狗就会按下按钮。

另一边，B 组的狗没有按钮，没法停止电击。电击持续一段时间后，狗干脆就趴在了地板上。大概是觉得电击无论如何都不会消失，与其上蹿下跳，不如一动不动地待着。

最后的 C 组没有接受电击。

经过上述过程之后，把所有的狗都放到往返箱子（shuttle box）中，往返箱子中间放置了很矮的隔板，左侧隔间里的狗可以轻松跨越隔板到右侧隔间里。这时候给左侧隔间的地板上通电，狗会怎么反应呢？一般情况下，狗会先跳来跳去，然后跨越隔板到右侧隔间去。因为右侧隔间没有电。过一段时间后，停掉左侧隔间的电，给右侧隔间的地板通电，狗就又会回到左侧隔间里。

但是经过先前的实验步骤后，三组狗的反应会怎么样呢？一边隔间通电后，就都会到另一边吗？还是会根据自己的经验，产生不同的反应呢？之前可以用按钮控制电流的 A 组和没有经历过电击的 C 组的狗，为了躲避电击，都很努力往返于两个隔间之间。但是之前无论如何也躲不掉电击的 B 组中的大多数狗都趴在通电的地板上承受着电击。其实它们只要稍微动一下，跨过隔板，就能躲过电击。

塞利格曼说 B 组的狗通过以往的经验习得了无助。也就是说，因为之前躲不掉电击的经验，所以即便在可以躲过电击的情况下，它们也不会做任何尝试。

"我做什么都会失败。"

"没有一件事是顺心的。"

"没有人喜欢我，我也没有可以信赖的人。"

"事事不如意，都是我不想要的结果。"

人不是一出生就有这种想法的。虽然每个婴儿出生时都有个体差异，但就像前面说过的，他们都会很积极地去探索这个世界。他们充满好奇，想了解事物，喜欢摆弄物品。通过经验和学习，他们想拥有对自身和世界的控制感。

但是，如果反复遭受挫折，体验不到控制感的话，就会陷入无助的状态中，会用消极的目光看待自己和世界，会抑郁和焦虑。严重的话，还可能对自己和世界产生厌恶情绪。这就是失去控制感的后果。所以，人们为了避免这种可怕的状况出现，会努力使自己获得控制感，哪怕那只是错觉。

接受无能为力的自己

"都是我的错，要是我那天没有加班，不是，要是我出地铁站以后没走那条路，而选择平时走的大路，就不会发生那件事了。归根结底，都怪我自己。"

慧珍一边说所有的一切都是自己的责任，一边哭了起来。哭声中分明包含着很多愤怒，但那不是对施暴者的愤怒，而是对受害者即自己的愤怒。慧珍找到我们咨询室，是因为去年的性侵事件。

去年夏天，因为在公司里负责了重要的项目，所以慧珍经常加夜班。慧珍的家离地铁站有 2 千米的直线距离，她从地铁站出来有两种方法可以回家。第一个是沿着 8 车道的大马路走，一路都有路灯，路上来往的行人和车辆也很多。只是，这个路线不是直的，需要绕着走，所以整个路程有 4 千米。另外一个选择是走没什么人的小胡同，中途要穿过一片拆迁区。这个区域的居民早都搬走了，但几年来一直没有动工新建，所以基本处于闲置状态。路上也没什么路灯，平时很少有人走。

那天慧珍加班到很晚，勉强赶上末班车，下车出站一看已经快夜里 12 点了。慧珍又困又累，想早点回家休息。她原本想走大路，但突然有个念头冒了出来。

"要不今天抄近道？好想早点回家休息。应该不会有事儿吧？"

虽然有点儿担心，但疲惫的她顾不得许多，还是走进了小胡同。阴仄的胡同里一个路灯也没有，加上路两边的居民也差不多都搬走了，半路被人劫走也不会有人知道。但慧珍归心似箭，仍然强压着不安的心情匆匆赶路。

走到一半时，突然窜出来两名男子，用手中的刀威胁她。

慧珍怕极了，她想喊救命，但周围没什么人。远处虽然偶尔有一两个窗户亮着灯，但慧珍觉得人家不一定会出来帮忙，说不定还会惹恼凶徒，让自己陷入更大的危险中。最终慧珍敌不过两个男人，被强行拖入一个破旧的房子，遭到了性侵。

"就算回到当初"

案发后慧珍立刻报了警。之后她请了病假，除了协助警方调查以外，几乎不出门。她仍然觉得害怕和不安，整天都浑浑噩噩的。她一直哭，哭到眼泪都干了。当时的记忆不断袭扰着她，简直要把她逼疯了。

几天后负责案件的刑警告诉她罪犯已经抓到了。慧珍报警的时候，心里只有愤怒，觉得只要抓到罪犯，就能从痛苦中解脱出来。可是听到罪犯被捕的消息，她并没有释然，痛苦也没有减轻。她反而陷入了自责当中，觉得这一切都是自己的责任，这让她更加痛苦。

我因军队里的猥亵事件，也曾长期困在自责当中无法自拔，所以完全能理解慧珍的心情。但理解和共情并不能帮到她。我一边想着该怎么减轻她的痛苦，一边小心翼翼地对她说：

"慧珍小姐，我们假设现在眼前就有一个时间机器。"

慧珍有些错愕并怔怔地望着我。对着一个在自责中痛哭流泪的人提什么时间机器，估计她觉得我有些不着边际。

"假设慧珍小姐现在坐上时间机器回到了案发的那天夜里。

您还在为项目每天加班，出了地铁站已经 12 点了。您站在岔路口，要在两条回家的路中选择一条，您会选哪个呢？选大路还是抄近路？"

"老师！您这是什么话？抄近路会发生那种事，我当然选大路了。也正是因为这样，我才恨自己啊，我本来有选择的！"

"我忘了跟您说了，如果您回到过去，就不记得之后发生的事情了。您再想想看。那天您很累，想早点到家，也没听说过以前有谁走小路发生过什么事情。就算听说过，您当时也没觉得那种事会发生在自己身上。所以，我再问一遍，就算难受也请您好好儿回答。如果回到那一刻，您会选择哪条路？"

"抄近路吧……"

"你依然什么也做不了"

慧珍理解了我的意图。现在回头再看当时发生的事情，所有的事情都很明晰，人会设想不同的选择和不一样的结果，因为这能给自己带来控制感。这会让人错以为自己能避免事情的发生，并且觉得这种假设就足以击退当时的无助感。

但这都是错觉。本可以避免的事情已然发生了，结果无法改变，所以就只能责怪自己做了那样的选择。

"对，慧珍小姐。现在回想起来，所有的事情都很明确，所以才会觉得回到过去的话仿佛自己就能控制一切。您可能觉得这种想法可以补偿当时的无助感。但是，我们回不到过去，就算回去了也不可能知道之后会发生什么，所以实际上我们什么都控制不了。"

"是，您说得对。我当时什么都不能做，所以感觉很无助，这种无助感让我很痛苦。那我应该怎么做呢？您是说我不应该有这种控制感吗？"

"慧珍小姐，那我换个说法。我们不谈过去，假设一下未来。如果您又加班了，又是到了 12 点才走出地铁站，您还是很疲惫，还是想早点到家。这次您的选择会是什么呢？"

"应该会走大路吧，不想再抄近路了。"

"走大路，难道就能确保安全无虞吗？"

"啊？应该是吧，因为那边一直都没发生什么啊。"

"以前没事，不代表以后就不会有事。您没想过走大路可能会遇到其他问题吗？新闻报道里偶尔会出现的无动机犯罪，一般都发生在大路上。另外，来往的汽车也可能突然冲到人行道撞死人啊。"

"那您让我怎么办呢？"

慧珍这次是真的生气了。但与其说她是冲我发火，倒不如说是在对自己无法控制的状况生气。慧珍有些哽咽，而我只是默默地看着她，因为我知道她此时的心情。

"老师，按您的说法，我好像什么都控制不了啊。"

"不只是您，我也一样。我们所有人，对正在发生的事情，几乎都无能为力。我们谁都不知道现在的选择在未来会导致什么结果。但是回望过去容易让人陷入控制力的错觉中，觉得自己能控制过去，进而会觉得自己还能控制未来。很多时候，对过往的后悔和自责，还有对未来的恐惧，会让人什么选择都不敢做。还有些时候，人们不去想着搜集足够的信息做最好的选择，而是被自己的情绪和别人的话，甚至是被迷信所左右，陷入错误的恶性循环里。如果发生这种情况，人们会对自己原本能真正控制的部分都失去控制力，陷入更严重的无助感里。"

"就是错误的控制感反而导致无助感啊。"

慧珍的脸色稍微好看了一些。之前她因自己无法控制的过去而陷入无助感中，但这时候她的妈妈却对她说过"为什么工作到那么晚""为什么要走那条路"之类的话。这些不是真正意义上的指责，给了她控制感的错觉，把她推入了自责的深渊里。现在她明白了，这些都只能让她更无助。

通过咨询，慧珍知道了对自身的苛求和谴责都只是源于错觉。虽然很痛苦，但她还是接受了自己什么都无法控制的现实，因此她也就没那么讨厌自己了。

你所不能控制的

人们讨厌无助感，所以才会追求控制感。但越是想要获得控制感，反而越无助。想摆脱这种悖论，该怎么办呢？一定要记住两件事。

首先，某件事情发生时，我们应该正确地判断哪些我们可以控制，哪些不能。所谓覆水难收，我在军队里受到的猥亵，或慧珍遭受的性侵，这些都是过去的事情，是我们无法控制的。读到这里，你心里有没有想起什么过去的事情？记住，那是无法控制的。无法控制也就没必要自责。你当时做的决定，就是当时最佳的选择，要学会接受这一点。

不只是过去，未来也无法控制。虽然你有自己期望的结果，但你没有对结果的控制权。人生很复杂，你现在的选择可能会对结果产生影响，但你没有能力左右结果。

他人也是无法控制的。你可以期望他人按你的意愿行动，也可以为此向他人施加影响力，但也仅止于此。就算是父母也控制不了自己的子女，就算关系再好你也控制不了自己的朋友。人都是极度讨厌受控制的，哪怕是婴儿也都希望能按自己的想法行动。就算真有人在你面前唯唯诺诺，什么事情都听你的，但他心里可能充满了对你的愤怒和抗拒。

每对夫妻都在婚礼上信誓旦旦，但最终很多会因各种矛盾而反目。没走法律程序，但在感情上离婚的夫妻比比皆是。虽然住在同一屋檐下，但如果没有情感上的沟通，也就同离婚没什么区别了。让曾发誓至死不渝的夫妻分开的原因是什么呢？不管过程如何，最终肯定都是对彼此的不满情绪。

"你怎么能对我说这样的话！"

"你怎么能这样？我对你到底算什么？"

"都怪你，要不是你就不会这样！"

仔细分析这种不满，就会发现其中全是对对方的控制欲。前面说过，想控制过去的人往往会对自己的选择表示不满。夫妻问题也是同理。再强调一次，没有人想受他人控制，每个人都希望可以自控。

那么，什么是可以控制的呢？你能控制的只有现在，还有你自己。根据你现在能获得的信息做出最佳的决定，然后对结果负责，这种姿态是你唯一能控制的。人当然会希望自己现在的选择能在未来带来好的结果，但要记住未来的结果是无法控制的。

2018 年的平昌冬奥会上有很多非洲选手，参赛的 92 个国家中，有 8 个非洲国家：加纳、尼日利亚、南非、马达加斯加、摩洛哥、厄立特里亚、肯尼亚、多哥。在夏季奥运会上常能看到非洲选手的出色表现，但冬奥会不同。非洲大部分地区都没有冬季，别说正规训练了，他们对冬季项目都很陌生，所以非洲选手参加冬奥会本身就已经让世界瞩目了。

他们参加冬奥会，是什么心理呢？这 8 个国家的选手，无一人获得奖牌，大部分人都是垫底的成绩。但他们的喜悦却不亚于金牌得主。例如，加纳的男子钢架雪车选手弗里庞，他在 30 名参赛选手中排名倒数第一。但比赛结束后，他像得了金牌一样，随着场内的音乐欢快地跳起了舞蹈，引来观众一片欢呼声。尼日利亚的女子钢架雪车选手斯密德乐·阿戴博（Simidele

Adeagbo），在 20 名参赛选手中也是排在倒数第一，但她一点都不沮丧。入住选手村时，她在采访中说："这次比赛的成绩并不重要，尽全力发挥出我最好的水平，才是意义所在。这不就是奥运精神吗？"

非洲选手们当然知道自己能力有限。他们中的大部分人都是第一次参加奥运会，他们没有办法进行充分的训练，甚至连训练场地都是个问题，更别提装备了。能参赛就已经让他们很开心了。如果他们因为成绩不好而自责，或者互相指责，那就太荒谬了。他们很清楚自己与其他选手的差距。换句话说，他们明白哪些是自己能控制的，哪些是不能控制的。他们不能控制的是成绩，但他们能控制的是尽全力并享受比赛。

那些水平高的选手们怎么样呢？他们当然可以期待好成绩，但严格来说他们无法控制结果。比赛就是这样，就算你做得再好，超越了自己，但只要有人做得更好，你就得不到金牌。不仅如此，像雪橇这种争夺 0.001 秒的比赛，任何微小的变数都能改变结果。所以，就算是世界顶级选手，如果想控制结果而没能如愿，也很容易让自己陷入无助感中。他们能控制的也只是最大限度地发挥出自己训练的成果，尽全力投入比赛当中。

按精神分析的说法，心理健康的人，不是那些努力满足婴儿期欲望的人，而是那些在不可能时懂得放弃的人。想按自己的意愿控制一切的心理，就是典型的婴儿期欲望。我们正在聊的对过去、对未来和对他人的控制感，也是一种婴儿期欲望。

放弃该放弃的，带着现实感尽全力做好自己能做的事情，才是健康的人生。

你能控制的

慧珍似乎看到了新生活的希望，脸上的表情明朗了一些。她问我："老师，您说人不能控制过去、未来和别人，只能控制现在的自己，可具体该做什么呢？"

"可以做两件事。"

"哪两件？"

我以前每当想起在军队里经历的事情，就会习惯性地自责。可真改掉了自责的习惯之后，却又不知道回忆来袭的时候该怎么办，心里非常乱，于是接受了心理咨询。我和慧珍讲了这段经历。

"我跟当时的咨询老师学会了一件事。每当想起痛苦的经历时，都要提醒自己不要自责，不要苛求自己，要告诉自己'那不是我的错，虽然很让人沮丧，但当时我无能为力。我不会再自责了'。这是慧珍小姐能控制的第一件事。"

"应该不会太容易。虽然我现在知道自责和自我苛求是为了摆脱无助感而造出来的错觉，但我已经养成习惯了，应该还是会忍不住去这么想吧。"

"是的，人会不自觉偏向于用自己熟悉的方式思考，而不是用对自己有益的方式思考。但慧珍小姐，希望您自己首先站在自己这一边。自责和自我苛求只能给自己带来更大的伤害。要时刻提醒自己，过去、未来和别人是不可控的，我们唯一可以控制的只有现在的自己。"

"我理解您说的，痛苦的记忆袭来的时候，我能控制的就只有学会善待自己。但实际面临这种场景的时候，如果我没法控制自己又开始自责，那我要怎么办呢？很可能我会因为尝试控制自己的情绪不成功，反而陷入新的自责和自我苛求当中。"

"这时候您也要先区分自己能控制和不能控制的。要认清尝试失败已经是过去的事情了，也是无法控制的。您要承认自己的无助，毕竟您已经习惯了自责。然后重新打起精神，接着与自己斗争。"

时间不会停止，所以当我们说"现在"时，其实"现在"已经成了过去。虽然自责与否是自己可以控制的，但人是习惯的奴隶，不是下了决心就能立刻改变的。如果某　刻你又一次自责了（过去），那认识到这一点的瞬间（现在），就该努力安抚和接受自己。

"那能发挥控制感的第二件事情是什么呢？"

"第二件事是在您痛苦时无意间被您忽略掉的身边人。"

"家人吗？"

"嗯，是的。"

慧珍的眼眶瞬间就湿润了。发生了这么不堪的事情，她没法向朋友或同事们求助，唯一能依靠的就只有家人了。但另一方面，慧珍的妈妈也很难接受这种打击，所以经常会说一些不是出于真心的指责，让慧珍更加痛苦。所以，慧珍对家人的感情很复杂。

"你的心情是怎样的？"

"想到家人，一边很感激，另一边又很生气。我当然知道妈妈说那些是因为心疼我担心我，但正因为她的那些话，我才开始自责。我的心情太复杂了，我不愿意去想而且想忘掉他们的存在。可是，刚才你一提到家人，我就忍不住想哭。"

"您可以把这些说给他们听。感激也好，伤心也罢，您能试着向妈妈和其他家人吐露自己的心声吗？这一点是慧珍小姐现在可以控制的。如果希望从妈妈那里听到什么话，也可以直接跟她说。妈妈说什么，您的心情能好一些呢？"

"我希望妈妈对我说'乖女儿受苦了，妈妈很爱你'。"

"很好，那就让妈妈跟你说这些话。"

"可是老师，您也说过，我能控制的只有现在的自己，而不是别人。如果我要求妈妈说这些，难道不是在试图控制她吗？"

"要求妈妈说出自己想听的话，并不是控制她。妈妈不肯说的时候，你要是去指责她，那才是控制。就算妈妈不肯，您却仍坦荡地提出自己的要求，其实是在发挥控制感。很多父母不太习惯直接说出自己对子女的爱，所以您提出这种要求，妈妈可能会犹豫。但只要子女坚持，大部分父母都会照做的，而且，很多父母事后还会反过来感谢子女。"

　　人类天生就会追求控制感，因为失去控制感时产生的无助感很可怕。如果可能的话，人们甚至想拥有超能力，拥有神力。这在现实中是不可能的，所以人们通过梦境或者电影等幻想手段，试图满足自己对控制感的欲求。如果这种倾向发展到严重的程度，人会以为自己可以控制过去，进而苛责过去的自己，甚至可能会产生错觉，以为自己能控制未来，会为了达成自己想要的结果而尝试各种手段。接着，人就会想要控制其他人，会要求别人按自己的意愿行动，如若不然就会指责对方。

　　但是，在这些方面，越是想发挥控制感，反而会越感到无助，进而陷入悖论中。想要战胜无助感，发挥正确的控制感，首先就要抛弃错误的控制感，这样才能看清自己真正能控制的部分。在现有的情况和条件下尽全力做好自己能做的，同时真诚地与周围的人进行沟通，这样才能赶走无助感，这也是真正能让我们幸福起来的控制感。

本章要点

▶ 人们经历过性侵等难以承受的事件后，常会把责任归结到自
己身上，进而会自责。

▶ 人们之所以因过去的事情自责和自我苛求，就是因为想击退
当时的无助感，获得控制感。但实际上，就算我们真回到了
过去，很多事情也是无法控制的。所以说，自责和自我苛求
源于控制错觉。

▶ 在错误的方向上，越是想获得控制感，就越会陷入无助
感中。

▶ 想要摆脱无助感，就应该抛弃错误的控制感。所谓"错误的
控制感"，就是想控制过去和未来，想控制他人。

▶ 我们唯一能控制的只有现在的自己。

▶ 在我们的人生中，能正确地发挥控制感的部分，一是善待自
己，二是真诚地与爱自己的人沟通。

善良的左右面

/ 善恶心理学

"恶"就在我们身边

如果让人们挑出历史上最邪恶的事件，大屠杀永远不会缺席。大屠杀是指第二次世界大战中以阿道夫·希特勒为首的纳粹党有计划地屠杀德国及德军占领区的犹太人、斯拉夫人、吉普赛人、同性恋、残疾人、政治犯等约 1 100 万民众和战争俘虏的事件。死难者中约有 600 万是犹太人，所以大屠杀也叫"犹太人大屠杀"。

怎么会发生这么骇人的事情呢？第一次世界大战结束以后，希特勒就用煽动性的演讲和宣传手段，把纳粹党推上了德国第一大政党的地位。之后，他坐上了集总理和总统权力于一身的元首位子上，同时拒绝偿还作为第一次世界大战战败国的战争赔偿，并走上了军国主义的道路。为了复苏经济，并主导舆论风向，他于 1933 年开始了对犹太人的迫害。

1939 年 9 月，随着德国侵占波兰，第二次世界大战打响，纳粹对犹太人的迫害也日益猖獗。犹太人不能上学，不能做生意，不能找工作，不能拥有房产，也不能与非犹太人交往。犹太人甚至不能去公园、图书馆或博物馆等地，只能生活在犹太聚集区。

但是生活在欧洲的犹太人数量之多，使得收置和管理犹太人的难度超出了纳粹的预想。1942 年 1 月，纳粹的核心成员聚在柏林郊外讨论对策，最终决定"妥善处理"犹太人。所谓的"妥善处理"，就是集体屠杀。在毒气室用毒气杀害以后进行火葬的方案被采纳，针对所有犹太人的邪恶计划就此开始，最终600 万犹太人死于这场浩劫。

战争结束以后，对战犯的审判开始了。身负重罪的纳粹党卫军军官们纷纷伪造护照，逃离德国或其他国家。但以色列情报机构摩萨德（Mossad）并未放弃追捕战犯。经过 15 年的追捕，摩萨德最终在阿根廷抓捕了纳粹党卫军上校阿道夫·艾希曼（Adolf Eichmann）。艾希曼是将犹太人送入集中营的负责人，曾多次到访过奥斯维辛集中营视察屠杀进度。

被押送到以色列的艾希曼，作为战犯接受了审判。这次审判向全世界直播，人们聚集在电视前想目睹恶魔的真面目。可是走上法庭的艾希曼却是个再平凡不过的人，头上既没有长角，也不是面目可憎。艾希曼穿着干净的西服和整洁的领带坐在那里，看起来何止是平凡，简直就像个诚实善良的人。实际上他的辩护律师也在辩护词中提到他是忠于职守遵纪守法的老实人。艾希曼在法庭中为自己辩护道："我对害人没有兴趣，我关心的是忠于自己的职责。我没有错。我没有亲手杀过一个人，也没有下过这种命令。因为这不是我的职责。我只是个拿薪水的众多官员中的一员，只是奉命行事而已。如果说我有罪，那就是我执行了命令。"

当然，他的辩护并没被采纳，经过几个月的审判，他被判处死刑。但是，他在法庭上的态度和陈词，让很多人受到了冲击，陷入了迷茫。到底什么是罪恶？谁是恶人？是不是谁都可以成为恶人？对于这些疑问，在现场目睹审判过程的德国哲学家汉娜·阿伦特（Hanna Arendt）回答说："给艾希曼定罪之所以困难，是因为他跟我们社会中大部分人没有什么区别。他既不变态，也不暴虐，而且太正常不过了。他是个勤勉的人，这种勤勉本身不是罪恶。他之所以有罪，是因为他没有任何想法。不会考虑他人的思维无能、造成话语的无能和行为的无能。"

阿伦特从艾希曼的审判中总结出了"恶的平庸性"。与很多人想象的不同，恶人犯下恶行，并不是因为邪恶，而是因为没有任何想法。这句话很难让人接受吧？那我们来看看心理学家斯坦利·米尔格拉姆（Stanley Milgram）的实验。

屈从权威的文化

在法庭上，艾希曼宣称自己无罪，说自己只是按指令行事。这话谁会信呢？大部分人都认为他在说谎，他们质问"有人命令就能做出那种惨无人道的事情吗"，并诅咒他"快下地狱"。

当时还是美国耶鲁大学心理学助教的米尔格拉姆觉得艾希曼的话也许包含着某种真实性，因为如果不是犹太人大屠杀这种骇人的事情，大部分人会认为服从命令是正常和正确的事情。米尔格拉姆想通过实验证实艾希曼的话。

1961 年他通过在当地的报纸上刊登广告招募参加心理学实验的人。参加实验的人会得到一定的报酬，有很多人看到广告前来报名。米尔格拉姆在报名者当中挑选了 40 个在财富、学历、才能和精神病史等方面处于平均水平的人，也就是平凡的人，这是为了研究结果的通用性。因为，如果被试能力过高或过低，有精神病史或犯罪经历，则实验结果可能因为被试的特点而受质疑。

米尔格拉姆的服从实验

被试按约定时间来到了大学的实验室，那里已经有一位被试在等着了。稍后，一位实验者向两人说明了实验的目的。实验的真正目的是"研究对权威的服从"，但如果提前告知实验目的的话，可能会影响被试的自然反应。所以，被试被告知一个假目的：研究处罚的强度对学习及记忆的影响。之后，通过抽签决定两个人的角色，一个是"学生"，另一个是"教师"。

定完角色，实验者说明了实验步骤。实验分两个阶段。第一阶段，教师说出一系列的配对单词（如咖啡—铅笔），学生要记住这些配对关系。之后，实验进入第二个阶段：教师说出一个单词（如咖啡）和四个选项（如笔记本、铅笔、圆珠笔、文具盒），学生要从选项中选择与单词匹配的答案。如果选对了，就进入下一题；如选错，教师就要电击学生。

实验者将两名被试带进一个小房间内，让学生坐到装有电击装置的椅子上。然后把学生的双手绑在椅子上，并说明这是为了防止电击过程中学生做出过激反应。被绑的学生，显然没法自己解除束缚，而教师全程在旁边目睹这一过程。随后，实验者说教师应该了解学生将要受到的电击强度，并让教师体验了一下 45V 电压的电击。这是能让被电击者全身震颤的电压，体验过电击的教师大概会庆幸自己抽对了签。

实验者将捆绑在椅子上的学生独自留在房间里，带着教师来到了隔壁房间，并让教师坐到一个桌子前。桌子上摆着能听到学生声音的对讲机，还有一个电击触发装置。触发装置上依次排列着从 15V 到 450V 的开关，每个开关上依据电压强度标有"弱""非常强""危险""×××"等字样。接着，实验者把触发装置的操作方法告知了教师。实际上，触发装置的操作并不难，无非是按一下开关而已。

　　实验者在教师背后落座，并让教师开始实验。于是，教师看着纸条上的配对单词，逐一读了下去。接下来就是记忆力测试阶段了。教师读出一个单词，并给出了四个选项。可惜，学生的记忆力并不怎么样，频频出错。每次学生答错的时候，教师就根据指示从 15V 开始逐渐加大电击强度，对讲机里学生的叫喊声也随之变得更强烈。

　　当电压加到 120V 的时候，学生喊"太痛苦了"；加到 150V 的时候，学生请求"暂停实验"；当电压到了 180V 时，学生号叫着"无法再承受了"。受到 300V 电击的学生，惨叫着表示"不想回答问题了"，并哀求"马上终止实验"。而电压超过 330V 以后，对讲机里就再也听不到任何动静了，看起来学生可能是昏厥了，甚至也可能已经死亡了。看学生这么痛苦，教师回头望向实验者，询问实验是否继续。但实验者的回答很决绝。

　　"请继续出题。"

　　"不要被感情左右。"

　　"不要停，要遵守规则。"

　　"请继续，所有责任由我们承担。"

　　结果非常惊人。参加实验的 40 名教师全都把电压加到了 300V。之后，有部分被试拒绝执行实验者的指示，但仍有 26 名进行到了最后，按下了 450V 的开关，尽管上面标注着让人不安的电压值。

但米尔格拉姆的实验有个小反转。学生其实不是被试，而是事先安排的演员，真正的被试只有教师。扮演学生的演员，按实验者的指示有意说出错误的答案。当然，他们也没有受到电击，痛苦的反应都是事先准备好的录音。但是因为教师无法看到学生，所以他们会以为一切都是真实的。实验中，大部分被试选择了服从，而不是反抗。当然，在这一过程中被试也受到了心灵上的谴责，他们焦虑地咬嘴唇、搓手、冒汗。虽然他们心里很迷茫，但仍然选择了服从。

难道说被试们都是懦弱、有问题或精神错乱的人吗？事实上并不是。参加实验的 40 人在社会和经济地位，还有教育水平上都是非常正常的人。实验结果实在让人难以置信，所以心理学家们带着质疑，以同样方式多次重复了实验，可每次结果都类似。不只是美国，在其他国家进行的实验，也得到了同样的结果。

谁都有可能成为艾希曼

那他们为什么没有选择"善"，即与实验者反抗，而是选择了"恶"，服从了实验者呢？

米尔格拉姆认为其中的原因是责任的缺失。每次教师犹豫和迷茫的时候，实验者都强调责任由自己承担，并让对方按指示行事。实验在大学这种有公信力的机构进行，实验者也都穿着白大褂，而且看起来像教授的人说会负责，于是被试就乖乖地就范了。何况还有报酬，虽然数额不大，但如果抗拒实验，那所有的责任就都必须由被试承担了。

实验中的被试们让人联想到了艾希曼的辩解。艾希曼声称责任都在于自己的上级，自己只是服从命令而已。当然，我们不能也不该用这种逻辑支持艾希曼的无罪辩护。必须再强调一次，犹太人大屠杀是不可饶恕的罪行，与此相关的所有罪行都必须受到惩罚。但我们不能止步于定罪和惩罚上。我们必须弄清楚为什么会发生这种事情，才能不再重复这种悲剧。

很多人可能忽略了大多数沉默的德国人。虽然他们没有参与到犹太人大屠杀中，但他们知道纳粹在迫害犹太人，也有很多人知道犹太人大屠杀。但他们沉默了。为什么呢？会不会是因为他们觉得自己没有责任，怕自己站出来会同样被纳粹迫害呢？从这种角度讲，我们能认为他们的沉默与艾希曼的服从有本质的区别吗？

艾希曼虽然是战争犯无疑，但也不能被当成特别邪恶的人。他是一个拿着薪水按上级的指示做事的平凡人。反过来说，只要是拿着工资想当然地照着上级指示办事的人，谁都有可能成为艾希曼。如果因为自己没有直接参与屠杀而心安理得，因为怕受迫害而不敢站出来，那这与对犹太人大屠杀沉默的大部分德国人，又有什么不同呢？

你是不是觉得自己不可能像他们那样？你是不是认为以前那个年代的人受的教育就是服从权威，所以才会那么做，而追求自主生活的现代人，就会不一样了？但是，10 年前在法国巴黎发生的一件事情，可以完美地驳斥你的这种想法。米尔格拉姆实验再次上演。

善良与邪恶

2009 年的某一天，一些住在巴黎和附近城市的人收到了电视台打来的电话，说要拍摄名为《极端区域》的电视节目，问他们是否愿意参与。被联系的人，在学历、智力、精神健康等各方面，都是非常正常的普通人。他们当中有 80 人接受了邀请，参加了实验。

实验方式与米尔格拉姆实验大同小异。两人一组，有人念出单词组，另一人要记住，记不住就受电击。同时，控制电击的是真正的被试，而遭受电击的是事先安排好的演员。区别是电击强度略有不同，米尔格拉姆实验中电压是从 15V 到 450V，这次实验是从 20V 到 460V。

电击是怎么被施加的呢？米尔格拉姆实验中的权威是大学里的心理学家，那这次的实验的权威是谁呢？是主持人，一位法国家喻户晓的电视台天气预报主持人。实际上对现代人来说，媒体就是最高权威，主持人可以说是最高的权威人员。媒体可以救人，也可以杀人；可以让人一夜暴富，也能让人倾家荡产；可以把人塑造成义士，也能把人贬为恶徒。这次的实验，在被

205

人视为权威机构的电视台进行，由权威主持人负责进程。每当被试犹豫的时候，主持人也使用与米尔格拉姆实验一样的话术，同时也突出媒体特性，不断给被试施压。

"那个人不会有事儿的，但观众会怎么看你呢？"

是的！现场和电视机前有无数的观众正在看。被试觉得不能让观众失望，而且觉得就此打住的话责任就全是自己的了。主持人直接施压，现场观众间接施压，而电视机前的观众则在被试的想象中要求被试服从。

坐在电击椅上的被试（演员），也与米尔格拉姆实验中的情形一样，总是不争气地说出错误答案。电击强度从20V开始，到80V时演员喊"好疼"，180V是惨叫，到了200V则表示"要退出节目"。到了380V时，演员不再叫喊，也没有回答问题。在主持人的强硬要求下，被试把电压加大到了460V。在米尔格拉姆实验中有65%的被试把电压加到了450V，那这次怎么样呢？结果很惊人，把电压加到了460V的人高达81%！

这太让人难以置信了。就算媒体对现代人有着无上的权威，但把和自己一样的被试置于死地，未免也太耸动了。米尔格拉姆实验已经过去了半个世纪，但我们在权威面前仍然很脆弱，责任的缺失仍能让人们不假思索地做出可怕的事情。

策划这次实验的是法国的社会心理学家让-雷翁·博沃瓦（Jean-Leon Beauvois）和电影导演克里斯托弗·尼克（Christophe Nick）。博沃瓦是为了做研究，尼克则是为了拍电影，两个人就这么凑到了一起。实验被写成了多篇论文，也被拍成了叫《死亡游戏》（*The Game of Death*）的电影。到底博沃瓦是出于什么目的重做了米尔格拉姆实验呢？

博沃瓦的目的并不是再现米尔格拉姆实验，也不是想看现在的人比半世纪前脆弱了多少。博沃瓦发现在对权威的服从行为中米尔格拉姆忽略了一些要素，那就是个人的性格特征。实验中的情况压迫人们服从权威，但博沃瓦觉得肯定有些人是拥有更易于服从的性格特征的。

实验结束 8 个月后，博沃瓦为了确认被试们的性格特征，对他们进行了问卷调查，而被试们并不知道这份问卷与 8 个月前的实验有关。时隔 8 个月，并且不提及之前的电视节目，是为了提高调查的准确度。

博沃瓦调查性格特征用的是全世界心理学家们最常用的"大五因素"（Big Five Factor）。众多研究人类性格的心理学家们认为人类性格特征有五种，所以才叫"大五因素"。这种一致性很难用偶然来解释，所以把性格特质分成五大类已经成了一种共识。这五种性格特性是开放性、尽责性、外倾性、宜人性和神经质性。

开放性是指对经验的开放，是具有想象力和创造力的特质；尽责性是为了达成目标诚实、持续努力的特质；外倾性是求新求异的特质；宜人性是对人亲切、利他和善于协作的特质；神经质性是易于焦虑、愤怒、敌对、压抑、自我意识和冲动的特质。

博沃瓦统计分析了被试施加给演员的电压强度和性格特质之间的关系。结果显示，大五因素中只有宜人性和尽责性与电击强度有关。用统计学术语来说就是，表现出了有意义的正向关联。对人亲切、利他和变通的特质（宜人性）和诚实、努力的特质（尽责性）越强，则在之前的实验中加的电压就越大。

天啊！宜人性和尽责性不就是我们平时称之为善良的特质吗！利他不自私，对包括父母在内的长辈恭敬，在与兄弟姐妹和朋友相处的过程中能理解对方的立场，我们会说这样的人是善良的人。这就是大五因素中的宜人性。同时，诚实而努力地做好分内的事情并遵守规则的人，我们也会说他正直善良。这就是大五因素中的尽责性。

博沃瓦通过现代版的米尔格拉姆实验，证明了服从权威而选择恶的人，大都是善良的人。更准确地说应该是，越善良，越容易成为恶人。

沉没的"世越号"

2014 年 4 月 16 日发生了一件难以置信的事情，从仁川出发驶向济州岛的"世越号"在珍岛附近海域沉没，船上共有 476 人，其中 304 人葬身于冰冷的大海中。尤其是去济州岛修学旅行的安山市檀园高中的 325 名学生中，有 250 人遇难。也就是说，遇难者中大部分人都是学生。

为什么会有这么多学生遇难呢？虽然船沉没的速度很快，但如果广播通知大家穿着救生衣跳船逃生，遇难人数会少很多。但实际上，当船体倾斜时，广播里却传来了这样的内容："请待在原地，不要随意走动，千万不要走动，走动会更危险，大家不要走动。"

学生们从小就听父母和学校教育说"要听话""服从指示""要乖"，而船舶公司的职员估计也认为航海专家就是权威，所以他们也不会想到要违抗，在广播发出指令并且船体倾斜得很厉害的时候，学生们依然待在船舱内一动没动。当在电视中看到事后还原的画面场景时，我心里堵得慌。某个遇难学生的父母在彭木港对着大海哭喊道："被大海吞没的都是听话的乖孩子，不该把孩子养成一个乖孩子，都是妈妈的错。"听话的乖孩子们，死得太冤了。

"'世越号'事件"之所以引起韩国人民的公愤，并不只是因为航海事故和遇难者数量，而是事发时船长及船员们的应对方式，还有政府的反应。

"世越号"沉没的时候，船长正在睡觉，而当时船只正在经过水流湍急的孟骨水道。这个海域需要一级航海员掌舵，但船长却把船交给了工作不满一年的三级航海员和一名曾因急转向而差点出事故的舵手。在经过最危险区域时，却让一个新手和有危险操作历史的人负责航行，这个决定荒唐至极。更荒唐的是，船长做出这种决定时，没有人提出异议，所有人都保持了沉默。

一名船长，在船只遇难时有义务守护船只和乘客，但"世越号"的船长却第一个坐上了救生艇。更让人气愤的是，他怕穿着制服，海警会让他留守，所以为了不暴露身份，他居然换了一身便服。不想着救助乘客而换了衣服独自逃脱的船长，肯定是恶人无疑。

可为什么周围没有人阻止这个恶人，没有人要求他尽责？一位正直的船员朴谋用无线电不断向驾驶舱询问是否要弃船，但始终没有人应答。就算恶人船长为了活命而逃走了，为什么没有人跳出来代替船长疏散乘客呢？

原因很简单，因为大家都不负责。大家都认为船只发生任何状况都是船长的责任，都认为应该等待船长的命令。希望与人和谐共事的宜人性和忠于自己职务的尽责性，酿成了悲剧。

用广播通知大家待在原地的船员姜某，起初只是觉得船体倾斜时走动会危险，所以才发的广播。但此后，在询问驾驶舱是否弃船无果后，仍然广播了一样的内容。据船上厨房的人员说，姜某是"虽然正直但比较固执的人"。姜某同样是服从命令和忠于职守的人。

如果说"世越号"内部善良的人们无意识地作了恶，那政府及相关部门里一群无意识的公务员们作了另一种恶：管理者中没有一个人给出过自己的专业意见。领导人身边的人都一心只考虑领导的心情，所以对"世越号事件"的民愤久久不能平息。

"世越号事件"与"犹太人大屠杀事件"有什么不同呢？"世越号"的船员们与艾希曼或米尔格拉姆实验的被试又有什么区别呢？他们都是无意识和不负责的善良人。"世越号"沉没在善良的诅咒中。

八卦的真相

目前为止，我们说到了第二次世界大战中的犹太人大屠杀、1961 年的米尔格拉姆实验和 2009 年法国的米尔格拉姆实验，还有 2014 年的"世越号事件"，你是不是觉得这些罪恶都与你无关？这也正常，人们很难真正设身处地地去想自己在那种情况下会作何反应。因为这些事不常发生，一般人也不可能轻易遇到。但这并不意味着"越善良越容易变成恶人"的现象与我们无关。日常生活中我们也常经历这种恶，最典型的就是八卦。

"八卦"是指在人背后议论是非的意思，后因"八卦新闻"而成为媒体时代的大众流行语。但"八卦"并不是现代社会才出现的，自从有了人类，八卦几乎就同时诞生了。

人们有多热衷于八卦呢？某个媒体曾对 20 岁到 50 岁之间的男女上班族做过关于八卦的问卷调查。根据调查结果，一天中平均八卦 30 分钟的人有 34.2%，比例最多；一天中平均八卦

30 分钟到 1 个小时的人占 **26.1%**；而有 **18.5%** 的人每天八卦的时间超过 1 小时；回答从不八卦的人，只占 **12%**。还有一份调查，分析了人们对话的内容，发现人们聊天当中 2/3 的内容是关于第三者的，也就是我们所说的八卦。

八卦虽然这般平常，但绝不是可以忽视的问题。靠大众的关注度生存的艺人或政治家，也常因八卦新闻而苦恼。他们中很多人会因社交恐惧和抑郁症而受苦，严重的甚至会试图自杀。需要长时间与他人相处的学校或职场里，如果不小心成为八卦的对象，那将是一件非常可怕的事情。因为在这种情况下，八卦往往不止于非议，而是会演变成歧视和孤立，其影响深远。

人们为什么喜欢八卦呢？英国利物浦大学的心理学家邓巴（R. I. M.Dunbar）认为八卦有重要的功能：八卦可以让人留意有没有人会损害自己所属的社会、组织或集体的利益，如果有，就把这种危险告知给他人，以避免损失。尤其是可以避免某些人什么事情都不做却享受别人带来的劳动成果。

他的话很有道理。大体上，比起好人，八卦更多是针对坏人的；比起正常人，更多是针对奇怪的人的。这也不是说八卦的对象一定就是彻头彻尾的坏人或者是奇怪的人。大部分时候正常、偶尔看起来奇怪，或者表面是好人但是看起来也有坏的一面的人就很容易成为八卦的对象。当然也有人会因妒忌而恶意歪曲事实或捏造假消息，但传播这种八卦的人，心里想的大概是"听说那个人很奇怪，我得提醒朋友小心点儿""听说那个人实际上性格不太好，我得告诉那些蒙在鼓里的人，免得上当受骗"。

　　所以，心理学家们认为八卦有着守护组织和集体安全的功能。那么，什么样的人喜欢八卦、喜欢在背后议论别人呢？加拿大多伦多大学的心理学家马修·费因伯格（Matthew Feinberg）认为，比起性格冰冷木讷的人，那些善良和热心肠的人更有可能热衷于八卦。如前所述，八卦的功能就是提醒其他人留意那些可能会给社会和组织带来损害的人，这无论如何都算是利他的行为。费因伯格通过实验证明了这一点。

　　费因伯格把被试聚在一起让他们做游戏。真正的被试被分配到了观察者的角色，而参与到游戏中的人则是雇来的演员。不知情的被试看到游戏中演员 A 欺骗了演员 B。这时候实验者在确认被试的感受后，发现被试比平时感受到了更多的负面情绪。在本以为会公平的游戏中看到欺诈行为，当然会觉得不悦。这时候实验者对被试说："一会儿 A 要与新的游戏者 C 进行游戏，如果各位愿意的话，允许你们给 C 提供一些有用的信息。"

　　实验者等于是给被试们提供一个八卦的机会。大部分被试都向 C 提供了有关 A 的信息，说 A 可能会使诈，让 C 小心。这时候实验者通过再确认被试们的感受后发现利他性高的被试们的负面情绪明显减少，而利他性低的被试们几乎没有变化。换句话说，乐于助人的也就是人们所谓的善良的人们，八卦的时候心情会变好。

善良的人会担心他人，会为他人着想。所以，即便与自己无关，也希望他人平安，也会努力阻止他人遭受损害。也就是说，善良的人们爱八卦。而八卦往往有很多不准确和被歪曲的内容，会给被八卦的对象带来巨大的痛苦。

但是对于专注于八卦的善良人来说，对方的安危并不重要，因为对方已经被他们看作恶人了。善良的人们提醒大家小心恶人，试图去保护自己所属的社会、组织或集体。从他们的立场来看，这不是八卦，而是揭发恶人的善行，所以心情当然会变好。这就是八卦，这就是我们在日常生活中就能看到的越善良越容易变成恶人的例子。

光有善良是不够的

父母们成天唠叨孩子让他们乖一点儿，学校里的教育也要求他们做个乖孩子。但乖就好吗？善良就好吗？实际上，善恶的标准是模糊的。

在和平年代杀害无辜市民是杀人犯，但在外敌入侵时杀死侵略者，就是义士。非法敛财的富人要是掠夺了穷人的钱分给别人，会被人世代唾骂。但如果有人劫富济贫，虽然同样是非法手段，但会被人们叫作"义贼"，会成为人们心中的英雄。如果下属对一个利欲熏心的上司唯命是从，那就是恶人，若抗命不从反而能成为善人。

所以说，善与恶的标准是根据语境和实际状况变化的。与人为善、遵守规则，不见得就是善。同样，与人闹矛盾、不守规则，也不一定就是恶。

为什么大人们会对孩子强调要乖呢？原因很明显，因为只有孩子乖、亲切待人和诚实地完成分内之事，才容易教、容易养。简单来说就是容易控制。父母不能为了自己的便利，就要求孩子乖，因为所谓的"乖"，其实就是屈从于环境。

如果这世界总是很美好，身边也都是善良的人，那当然越乖就越容易成为善良的人。但世界不总是美好的，而且有许多恶人。尤其不管在哪个组织里，高层里总有一些恶人。如果在这些恶人底下干活儿，一味地追求听话，那就像我们在前文中看到的，自己也很容易变成恶人。艾希曼为了得到希特勒及纳粹党员们的认可，就非常"乖"。他努力与周围的人和谐相处，别人拜托他的事情和上级的指示他都尽心去办。参加米尔格拉姆实验的人们也是如此，"世越号"的船员们也不例外。还有，那些在背后议论人并提醒对方"小心那个人"的人们，那些爱八卦的人们，又何尝不是呢。

看清你所处的全景

如果不想成为善良的恶人，需要记住两点。第一点就是看清全局。

很多人都是某一组织里的成员，只是处理局部事务，看不到事情的全貌,而他们在做的完全可能是杀人或者破坏环境等可怕的事情。犹太人大屠杀也一样。如果对以任何形式参与大屠杀的人用下面这种形式下命令,会怎么样呢?

"现在马上把集中营里的犹太人带到毒气室,锁上门,然后在外面打开毒气阀门。等过一阵儿,如果犹太人都死掉了,里面就不会有什么动静了。这时候你带着防毒面具进去,把尸体拉出来,装到拖车上,运到焚烧炉那里。给焚烧炉加大火,然后把尸体一个个扔进去!"

如果让一个人做完所有这些事,哪怕是纳粹党员中也会有很多人抗拒。但实际上,这些过程都被分解了,所以人们其实并不知道自己在做什么。

有人只是把犹太人领到了毒气室前面,下一个人让他们进入毒气室,再下一个人开了毒气阀。接下来,换一个人把尸体拉出来装车,又换一个人拉车到焚烧炉,再换一个人把尸体丢进焚烧炉。最后是另外一个人点了火。

那到底是谁杀了那些犹太人呢?可能所有人都觉得不是自己杀的,就因为所有的过程都被细化了。

参与米尔格拉姆实验的人们,也是因为把自己的角色局限为一名教师、一个按他人的指示办事的人,所以才会做出那种过激的行为。"世越号"的船员们也是局限了自己的角色,八卦的人们也以为自己只是在给周围的人提供有用的信息而已。

像这样,如果看不到全局,只看到自己被分配到的细节,就很容易变成善良的恶人。当然，在组织内看清全局并没有那么容易，大部分人能处理完自己眼前的事情就已经很吃力了。大概正是因为这样，所以人们才会无意识地做了一个恶人！如果不想犯这样的错误，就该努力看清全局。

去感受人的感情

第二件事就是不要物化他人，也就是不要把人当物品看待。

对纳粹来说，犹太人不是人，只是为战争提供必要劳动力的机器，是最终需要被"妥善处理的垃圾"。如果不把人当人，而只是把人当作达成某种目的的手段，那就会变成善良的恶人。米尔格拉姆实验的参与者们也只是把对方当成了学生这个角色，同时也把自己困在了教师的角色里。在他们眼里，那些受到电击而惨叫的并不是人，只是学生的角色。

"世越号"的船长在弃船逃离的过程中遇到了两名负伤倒地的厨师。厨师们哭喊着求救，但船长无视了他们。更准确地说，应该是当成障碍跨过去了。当时对"世越号"的船长来说，厨师并不是人。平时这些人在船长眼里也只是发挥厨师功能的角色，到了关乎性命的紧要关头，则是需要跨越的障碍。

如果不想物化他人，就不要把关注点放在对方的角色上，而应该更关注对方的情感，要学会换位思考。对包括艾希曼在内的众多纳粹党员来说，犹太人只不过是需要处理的对象。但是在德国商人奥斯卡·辛德勒（Oskar Schindler）眼里犹太人也是人，是在与所爱的家人分别时会伤心会痛苦、在死亡面前会恐惧的有感情的人。他正是因为能看到这些情感，所以才救出了多达 1 200 名的犹太人。

如果米尔格拉姆实验的被试们，也关注到了对方的感情，那他们还能把电压加到 450V 吗？如果"世越号事件"中的船长能看到和感受到乘客和厨师的情感，那他还能置之不理吗？如果人们知道八卦的主角得知真相后有多难受和痛苦，那人们还会继续八卦吗？

要善于从全局角度辨别善恶

让人乖点儿，只是为了控制对方。所以，如果想控制谁，那就让对方乖点儿；如果想被人控制，那就下定决心成为一个听话的乖孩子。但是，如果不想在自己不情愿、不自觉的情况下变成恶人，那就要摆脱单纯的善恶窠臼。

另外，别只看眼前，应该用宏观的视角观察全局。同时，要设身处地地看待因你而正在承受悲痛或将要遭受痛苦的人，去感受他们的情感。就算会成为坏人，也要与不公抗争，也要有勇气做正确的选择。有时候与周围人闹矛盾，遭人嫌也不是坏事。如果有人可能因为你而遭受痛苦，那就要有勇气选择懈怠和不尽责。

正如汉娜·阿伦特所说，如果没有自觉意识，人人都有可能成为艾希曼。

本章要点

▶ 参与犹太人大屠杀的艾希曼是个再平凡不过的人。他为自己辩解说自己只是奉命行事。对此，汉娜·阿伦特强调"恶的平庸性"，指出艾希曼的错是思想的无能。

▶ 米尔格拉姆证明，在外界的压力下，谁都会屈从于权威。尤其是与人为善、忠于职守的善良人更有服从的倾向性。

▶ 因为日常生活中谁都会说的八卦会对当事人造成痛苦，所以也是一种恶。但大部分时候，热衷八卦的人同样是热心善良的人。

▶ 如果不想陷入善的悖论里，就该看清全局，并关注他人的感受。

▶ 如果没有自觉意识，人人都有可能成为恶人。

第十章 | CHAPTER TEN

就算今天死去，你也没有遗憾吗

/ 死亡心理学

恩珠为什么想自杀

"爸爸有外遇，不知道该怎么把他劝回来。我来咨询就是想知道自己该做什么。"

恩珠这样回答申请咨询的原因。她说是为了把有外遇的父亲拉回家而前来咨询。这话太奇怪了。一般这种情况下，来申请咨询的都是配偶而不是子女。

"恩珠小姐，通常都是配偶会来咨询。也就是说，您的母亲可以来咨询，可以在咨询师的帮助下回顾烦闷和气愤的心情，仔细检查亲密关系中的问题。但是当事人的女儿来咨询的情况，很罕见啊。"

"妈妈说爸爸有外遇都是因为我。爸爸想要个儿子，结果妈妈生了我。妈妈觉得养大我一个已经很吃力了，所以就背着爸爸偷偷避了孕。爸爸一直努力想再要一个儿子，而妈妈怕爸爸生气，一直没敢告诉爸爸自己正在避孕。每次爸爸抱怨妈妈生不出儿子的时候，妈妈就对我说'你要是个男孩儿就好了'。现在妈妈说爸爸出轨都是因为我不是儿子，所以让我想办法劝爸爸回头。"

这个故事太荒唐、太不可思议了。这都什么年代了，还有爸爸重男轻女，还有妈妈为此责备女儿！虽然恩珠父母的态度够让人吃惊了，但更让我吃惊的却是恩珠讲出这段故事时泰然的表情和态度。按理说应该因委屈和气愤而又哭又闹，大声埋怨爸妈才对，但恩珠好像觉得这一切都理所当然，说话时特别冷静。

"那么，恩珠小姐现在的心情怎么样呢？"

"心情吗？我也不知道。"

"我听了都觉得荒唐，都会生您父母的气。难道恩珠小姐不是这样吗？还是说您觉得爸妈说得对？您是真的觉得爸爸出轨是因为您不是儿子吗？"

"嗯，我是这么想的。我要是个男孩子，妈妈就能得到爸爸的爱，也就不会发生这种事情了，不是吗？"

后来我才知道，恩珠从小就受到父母在其身体和精神上的虐待，学生时代又经常被同学孤立。对恩珠来说，父母就是她的全世界，父母的话就是真理。她自己没有判断父母的话是否正确的能力，她也无从辨别父母的行为是否正常，也没有人和她讨论这些。所以，她听了妈妈的话之后，苦恼之余，来申请咨询！

"恩珠小姐，我能理解您的心情，但是配偶不来，子女出面是解决不了问题的。如果真有什么事情是您能做的，那就是说服妈妈来咨询。最好是爸爸妈妈一起来接受夫妻咨询，但估计爸爸不大会愿意配合，所以您还是先说服妈妈吧。"

"嗯，我明白您的意思。"

除了父母之外，她从来没有和任何人建立过正常的关系，所以很惧怕与人对视，对各种状况的判断力好像也弱一些。但也不至于听不懂我的话，至少当我说不是配偶而是子女出面解决不了问题时，她马上就理解了。

她因为爸爸的问题来申请咨询，而我告诉她，作为子女，唯一能做的就是说服妈妈来接受咨询。话聊到这里，正常的 50 分钟咨询时间，只花了 20 分钟。如果求助者是因为自己的问题而来接受咨询，第一次咨询的时间通常是不够的。因为，有很多基本信息需要了解，还要确立咨询的目标。但这次咨询就这么草草结束了，我有点儿不知所措。我想了想该怎么利用剩余的时间，就问恩珠："恩珠小姐，还剩一些时间，您有没有想说的，或者想问的。"

恩珠稍微酝酿了一下，然后小心翼翼地问："老师，我能咨询自己的问题吗？"

"当然了，只要您愿意，完全可以啊。您想咨询点儿什么问题呢？"

"我不知道人活着是为了什么。"

她的回答虽然很短，但传递的信息却很强烈。这完全不是随口说出的话，她脸上的表情也与前20分钟聊父母时截然不同。之前她很冷漠，就像受父母的委托在街道居民中心接受居民投诉一样，全然是一种事务性的态度。但一聊到自己的问题，她马上就变得凝重了，坐在对面的我都能感觉到。

恩珠说，她决定帮妈妈把爸爸劝回家以后就去自杀。她说从20岁开始她就一直想着要去死，想了7年，最近才真正下定了决心。她觉得自己不管做什么都不可能让爸爸妈妈幸福了，她被这种绝望彻底淹没了。她做好了自杀的准备，最后就剩妈妈的嘱托了，所以才跑来申请咨询。她想，要是能有办法让爸爸回心转意，那就尽力试试，要是没办法，她回去就自杀。

"可是恩珠小姐，您说现在自己想接受咨询，又是什么想法呢？"

"是因为老师您。您的表情和言语当中，有某种东西，是我未曾见过，也未曾听到过的。所以，我有点好奇了。当然，我肯定是要去死的，死亡找上我之前我会先去找它。但是，死之前，我能了解那种我从没体验过的东西吗？可能是因为要死了，我突然对我所不了解的人生感到了好奇。"

我后来才知道，来见我之前的那个夜里，恩珠打开窗户跨坐在窗台上，而她们家住20楼。她想死也不是一天两天了，她也常做出这样的举动。但那天她望着下面，突然觉得就这么跳下去也不会疼，心里反倒很踏实。她不再惧怕死亡了。于是，她把自杀的方法都想好了，然后为了解决最后的课题跑来申请咨询。不料，却发生了一件惊人的事情：她正视了死亡，却突然对人生产生了好奇。可是人生，对她来说一直都只有痛苦，是她一直想逃离的。

对一个决心要死的人、一个说自己不明白活着有什么意义的人、一个认为生活太痛苦觉得死亡是唯一出口的人，说什么"要活着""不能死"之类的话，根本没有什么说服力。如果是家人或朋友等原本就关系密切的人说这些话，最起码还能表达出心疼和伤心，但第一次见面的咨询师对求助者说这些，产生不了任何影响。有些人甚至会认为咨询师太过教条，反而会关上心门。所以，我想了想该怎么说才能让咨询继续下去，让恩珠对自杀产生一丝犹豫，对人生多哪怕一丁点儿迷恋。

"恩珠小姐，我们今天第一次见，也不知道恩珠小姐以前过的是怎样的人生、经历过怎样的痛苦。但是，如果您还没找到活下去的理由，没体验过人生的乐趣，那先暂缓一下自杀怎么样呢？反正什么时候都可以死。我不是想劝您好赖都要活下去，但是没有好好活过就死掉，会不会太冤了？如果您找到了活下去的理由，也体验过了人生的乐趣和价值，但仍要选择去死，那时候我也就不拦着了。"

就这样，针对恩珠的咨询开始了。咨询过程中，恩珠经历了很多次危机和困难的时刻，但因为有咨询师守在身边，所以恩珠一直没有放弃。她开始探索人生的意义，也发现了自己的另一面。虽然她时不时还会想到死，但另一方面，她想去做的事情也多了起来。

谁都会死，但人人都活得像自己不会死一样

"要钱，还是要命？"

"我能灭掉你们整个部族，不想死的话，就乖乖给我当奴隶。"

"叛教吧，不然就处死你！"

"只要供出你的同伙儿，就饶你一命。"

"宣判你死刑！"

闯入富人家里的强盗，把刀架在主人的脖子上，索要财物；为了活命，有时候只能选择在异乡为奴；为了迫害外来的宗教，要求信徒们叛教时，会用性命相要挟。

施加于人类的最高刑罚就是死刑。人惧怕死亡，为了活命，人会拿出全部家产，世代为奴，背弃自己的宗教，也会背叛自己的盟友。一方面，死亡是最高权力，在这种权力面前，人会抛弃一切。另一方面，因为惧怕死亡，人会尽量活得本分，不去做会被判死刑的事情。死亡就是这么恐怖，人们会想尽办法躲避死亡。

神学家和哲学家保罗·田立克（Paul Tillich）认为人类的终

极关怀有四种。所谓"终极关怀"是指不管是谁只要稍微脱离日常生活就会面临的存在主义问题。田立克说的四种终极关怀是死亡、孤独、无意义和自由。

正如田立克所说，死亡是谁都无法避免的存在主义问题。但是，我们每天在日常生活的苦海里挣扎着，一直回避着这个问题。吃完早饭洗碗，吃了午饭再休息一会儿，然后吃完晚饭就睡觉。每天上班上学，到了周末出去疯玩儿，晚上又到超市疯狂刷卡购物。每周如是，过几个月，就到了假期。度假时一边花钱一边盘算着卡里的余额，度假结束回到日常，又像滚轮上的仓鼠一样，日复一日。

突然飞来的一份朋友、同事或亲戚的讣告，暂时打破了这种循环。于是，你穿上平日里不穿的黑色西装，带着悲伤的表情去参加葬礼。这期间你会想到死亡。

"每天有这么多人死去，我哪一天也会死吧。这跟仓鼠一样的人生到底有什么意义呢？"

但是，一旦回到日常，把黑色西装塞回到衣柜的一角，又开始日复一日，我们活得就像自己永远都不会死，就像死亡与自己没有任何关系一样。

这就是被动遗忘了死亡的人生。但也有人积极对抗着死亡。疾病是通向死亡的高速路，为了战胜疾病，人类还在不断努力，花费大量资金和时间去研发新药。已经得了病的人，也会不惜重金到处寻医问药。

另一条通往死亡的路，就是老化。人们为了永葆青春，无所不用其极。但人毕竟无法战胜时间。于是，人们退而求其次，冒着生命危险去做整形手术，只为了显得年轻一些。为了逃避死亡而冒生命危险，听起来多少有点讽刺。

回避死亡不只是个人问题，而是现代社会的产物。现代社会发展的动力就是消费。为了促进消费，就要给人们提供快乐，而且要让人们活得久一点。这就是为什么媒体一直劝人变年轻，劝人追求快乐和刺激，让人彻底忘掉死亡。

大众媒体中的艺人以年轻人为主，曾经很有人气的艺人，随着年龄增长，会慢慢被人淡忘。似乎上了年纪的人也要显得年轻才能向人证明自己活得很好，所以人们使出浑身解数，甚至不惜动手术。看大众媒体就会有种错觉，似乎这世界全是年轻人和看起来年轻的人。

在现代意义上的都市出现之前，人类一直都很自然地接受死亡。韩国也是如此。邻居长辈过世了，全村人就聚在一起办葬礼。葬礼都不需要去别的地方办，就在自己家里终老，在自己家里办葬礼。

办葬礼的话，就会有村宴。当然，大家会祭奠逝者，会在遗像前面哭丧。但走出灵堂，就能看到丧主为吊唁者和帮忙办葬礼的人准备的丧宴。现在大家都不太带孩子去葬礼了，但以前不管大人还是孩子都会去丧家帮忙，也在丧家吃饭。大家一起制作灵架，再抬着灵架去墓地，挖坟下葬封土。这类事情不分大人小孩儿，每次大家都一起做。死亡原本就是这么自然，是我们人生的一部分。

但现在又是怎样的情形呢？人们托词说自己照顾不好老人、老人需要治疗等，把家中老人送到疗养院或医院里。老人们不能再像以前那样在自己家里、在家人的环绕中合眼，而是在疗养院或医院里等待死亡降临。他们在陌生的环境中，在医生、护士、护工等陌生人的陪伴下，迎接生命的最后瞬间。

葬礼又变成什么样了呢？葬礼已经很少在家里办了，一般都是在医院的礼堂或专门的葬礼堂举办。医院的礼堂都在什么地方呢？礼堂不会设在正门旁边，一般是在侧门或者后门附近，总之是在不太好找的角落，从外面很难看出来。专门的葬礼堂也一样，不会坐落在繁华街区，而是在城市的偏僻角落。随着火葬的需求激增，城市需要新建火葬场，但不会被任何区域的居民欢迎。让人联想到死亡的火葬场，成了最典型的邻避设施。

现代社会里死亡就是禁忌。谁都会死，但每个人活得就像自己永远都不会死一样。谁都会生病、变老，但没人正视疾病和衰老。人们甚至都不想谈论死亡，反而教育大家积极回避死亡。但死亡终究避无可避。

接受死亡的姿态

人们面对避无可避的死亡时，有着怎样的反应呢？瑞士精神科医师伊丽莎白·库伯勒 - 罗斯（Elisabeth Kübler-Ross）通过观察 500 名被宣告不治的绝症患者，把人们接受死亡的过程归纳为五个阶段。这五个阶段不只适用于面对自己的死亡，同样适用于人们面对家人或朋友等亲近之人死亡时的反应。

得知自己将死的消息时，人的第一个反应是否认（denial）。人们无法接受自己得了绝症的事实，通常都会认为这不可能，或者认为检查或者诊断结果出了错。

人们没法接受死亡的原因是什么呢？那是因为从未受过死亡教育，甚至没有和人聊过死亡，也就是从来没有认真思考和准备过死亡。虽然是一句废话，但我们这些活着的人的确都没经历过死亡。当然，我们可能见证过家人、朋友或名人的死亡。看别人受伤和自己受伤是完全不同的体验，死亡也是这样。我们都未曾亲历过死亡，所以我们一直以为那是别人的事情。因此当死亡真正降临的时候，人们都是不肯承认的。

得了不治之症的时候，我们的心里虽然否认，但身体发出的信号却很真切。四肢无力，疼痛加剧，完全和医生预料的一样，而且每天的药量也不断在增加。到了再也无法否认只能接受死亡预告的时候，就会进入愤怒（anger）阶段。到了这个阶段，人们就会体验到愤怒和狂躁、嫉妒和怨恨等情绪，心里会想"为什么偏偏是我"，会对家人和医护人员发火儿，会嫉妒年轻健康的人。

第三个阶段是讨价还价（bargaining）阶段。在这个阶段，人会想尽办法延缓死期的到来。人们会祈祷"至少让我活到把重要的事情（子女的婚姻、父母的古稀宴、妻子的作品展等）处理完的时候"。对平时没有任何信仰的人来说，祈祷也成了非常自然的事情。不仅如此，人们还会忏悔。不仅是对神，还会对自己身边的人，尤其是对自己伤害过的人。然后，再尽自己所能做一些善事。这些努力都是在试图延长自己的生命。

但是，当人们明白了死亡不可避免时，就进入了第四个阶段，那就是沮丧（depression）阶段。虽然人们会反复向医疗团队询问是否还有办法延长寿命，但得到的回答往往都是否定的。从此，人就不再抱有幻想了。这一阶段的人，话会变少，会谢绝外部探访，并且陷入深深的悲伤情绪中。

经过了这个阶段以后，会进入最后一个阶段：接受（acceptance）阶段。到了这一阶段，已经经历过前面四个阶段，也经历了足够多的哀伤，情绪反而会平和很多。人们开始整理自己的人生，准备迎接死亡。

死亡就是这么难以接受的课题。人类的所有体验中，可能没有哪个会像死亡这般悲伤，哪怕只是想一想都很痛苦。但死亡也存在悖论。死亡有时候也会成为一份礼物、一种祝福。

当死亡成为祝福

"死亡是人类所能得到的最大的祝福。"

古希腊哲学家苏格拉底（Socrates）是谈及死亡悖论的代表性人物。说死亡是最大的祝福，可能一时间让人很难理解。苏格拉底是在赞美死亡本身吗？难道他认为死亡是摆脱世间痛苦的唯一办法吗？

但苏格拉底既不是怀疑主义者，也不是厌世主义者。相反，他一直致力于用哲学改变人和人生，还有世界。他自己放弃了越狱出逃的机会，主动喝下毒酒，坦然赴死，并不是因为赞美死亡。他的举动，反而是为了让活着的人们能追求真理，能活出真正的人生。那苏格拉底为什么说死亡是最大的祝福呢？

生和死像硬币的正反两面，没有生就不会有死，但如果没有死，生也将失去意义。所以，想到死亡时，人们会很自然地关注生活。就像肚子饿的时候会希望饱腹，不安时会渴望平安一样。就像自然被破坏、灭绝的动物增多之后，人们才开始重视环保，努力防止动物的灭绝；臭氧层的破坏带来可怕的后果之后，人们才意识到臭氧的珍贵。

想到死亡，爱就会萌芽

说死亡是最大的祝福，这并不是西方哲学之父苏格拉底的诡辩。三名心理学家经过经年累月的研究后确立的恐惧管理理论（terror management theory），可以证明苏格拉底所言非虚。

1986 年提出恐惧管理理论的是当时在美国堪萨斯大学攻读博士的三位研究人员：杰夫·格林伯格（Jeff Greenberg）、谢尔顿·所罗门（Sheldon Solomon）、托马斯·匹茨辛斯基（Thomas Pyszczynski）。起初，他们三个人看到了美国的文化人类学家厄内斯特·贝克尔（Ernest Becker）1973 年所著的《拒斥死亡》（*The Denial of Death*）一书。

贝克尔在自己的书中提出，人类为了对抗死亡的恐惧，会追求有价值的人生。三位心理学家对贝克尔的主张很感兴趣，于是着手设计和进行了能证明贝克尔观点的实验。他们用多种方式，对各种人进行了心理学实验，其结果都相同：比起其他人，想到死亡的人更倾向于经营充实的人生。

实验过程是这样的。他们首先招募了 254 名大学生情侣，把他们分成了 3 组，并给每个小组不同的场景，让他们说出自己的感受。第一组的场景是"想到自己的死亡时"，第二组是"遭受巨大痛苦时"，第三组是"下班回家后看电视时"。

之后，研究团队通过问卷调查了情侣们想维持恋爱关系的意愿有多强烈。结果显示，比起第二组和第三组（也就是想象巨大痛苦和平凡日常的人们），第一组（想到自己的死亡时）对维系恋爱关系的意志更强烈。

想到死亡，就会珍惜现在

如实验所示，想到死亡时，人们对他人的感情和爱会增强。根据另一项研究，这种变化不只针对爱人或家人，还会扩大到对自己所属集体的感情上。

　　有一个针对美国亚利桑那州图森地区的 22 名法官进行的实验。实验中，有一半的法官在事先被问到"想到自己的死亡时是什么感觉""尽可能详述你觉得当你正在死去和死去后你的肉体会发生什么变化"等问题，而另一半法官没有进行任何问答。之后，实验者让法官们裁定一位因卖淫而被起诉的女性该交多少保释金。结果，那些通过问答联想到死亡的法官们裁定的保释金是其他法官（50 美元）的 9 倍多（455 美元）。也就是说，想到死亡的法官们，会觉得为了集体的利益，应该严惩卖淫之类的行为。

　　这不只是因为他们是法官才表现出这种集体责任感，普通人也是如此。在一个针对 356 名成年人的实验中，实验者让人们就 89 个有关死亡的陈述句表达自己的态度。这些陈述句有"不允许死亡的恐惧支配我的人生""死后希望被人们记作曾为世界做出过贡献的人""害怕英年早逝"等。之后，又调查了他们有多遵守社会规范。结果显示，越是那些容易接受死亡、不会因死亡而感到恐惧或无助的人，越倾向于遵守组织和社会的规范。

　　所以说，想到死亡时，人们对集体的感情就会增强。同时，人们还会更关注自己的健康。在被要求写一些关于死亡的文章之后，很多人便开始计划增加运动量，在选择防晒产品时，也会倾向于选择效果更强的产品。还有很多人表示要减少吸烟量。

　　死亡为什么会让生活充实起来呢？根据恐惧管理理论，人们想到死亡时，也就是想到生命的有限性（mortality）时，因伴随而来的恐惧会更关注自己现在的生活和世界观。人们管理恐惧的方法，并不是否认死亡或在死之前拥有更多东西，而是为自己、为他人和集体，以及为死后的世界做一些有益的事情。这很有趣。诚如苏格拉底所说，死亡成了一种祝福。

如何将死亡变成祝福

如果想把死亡变成祝福，而不是诅咒，我们该做些什么呢？

记住并实践以下三点。

接受死亡

第一点就是接受死亡。人们不太能接受生命有限这一事实。下面是说明三段论法时最常见的例子。

人都会死。

小明是人。

所以，小明会死。

但是，如果我们把小明换成自己，会怎么样呢？大概会变成这个样子。

人都会死。

我是人。

但是，我总觉得自己不会死。

小明是人，"我"也是人，可为什么"我"会觉得小明会死而自己不会死？就像前面说过的，这是因为我们可能经历过他人的死亡，但从没经历过自己的死亡。明星会死，政治家也会死。近一点儿的，朋友和亲戚都会死。我们会在熟人的葬礼上流泪，看到名人因自杀、衰老患病或交通事故等原因过世的消息时，也会感叹人生之无常。但自己的死亡，却是体验不到的。

查尔斯·狄更斯（Charles Dickens）在小说《圣诞颂歌》（A Christmas Carol）中把主人公斯克鲁奇老头儿描绘成了极致的守财奴。斯克鲁奇小气到乞丐都不会向他伸手乞讨，视觉障碍者的导盲犬见到他都要把主人引到别的路上去。眼里只有钱的孤寡老人斯克鲁奇，非常讨厌充满欢笑声的圣诞节。

很久以前就过世的合伙人马利化身为幽灵出现在他面前，警告了他。接着，在另外三个幽灵的引导下，斯克鲁奇游历了过去、现在和未来。

在过去，他看到了孤单的童年、离世的善良妹妹，还有因金钱而离他而去的恋人。现在，他看到了虽然贫穷但与家人享受幸福的雇员克莱切特，也看到了同情自己并祝愿自己健康的侄子弗莱德。最后，斯克鲁奇在未来看到自己死后无人伤心。

大受刺激的斯克鲁奇从梦中惊醒，庆幸这一切都只是梦，并决心重新做人。

是什么让斯克鲁奇改变了呢？那就是未来。当然，他通过回顾过去看到了自己原来的样子，也在现在看到了身边善良的人们，但只靠这些并没能使他改变。斯克鲁奇通过回顾过去，他可能把自己成为守财奴的原因合理化了。看到现在以后，他也可能觉得比起做个幸福的穷人，还是做个孤单的富人好一些。但未来还没有来临，所以无法被他合理化和美化。

斯克鲁奇之所以成为守财奴，就是因为想活得更好。但是，当他发觉自己终会死去，之后现在的一切都将变得没意义时，内心受到了巨大的冲击。人死后，能留下的不是钱，而是有人记得自己。可在未来，斯克鲁奇发现自己并没有得到铭记。

为什么时至今日斯克鲁奇的故事依然魅力不减？恰恰是因为我们所有人都像斯克鲁奇一样活着。

我们斤斤计较地活着，就像我们永远都不会死去一样。为了抚平过去的创伤，为了得到更多的东西，我们无暇顾及周围的人。我们不知道人生去往何处，也不想知道人生的尽头有死亡在等着我们。斯克鲁奇得到了体验未来的机会，但我们没他那么幸运。

为了人生不留遗憾，为了将死亡变成祝福，我们应该接受一个事实，那就是我们的人生终将会走向死亡。

承认生有时死无期

为了将死亡变成祝福，我们该记住的第二点是，谁都不知道死亡会在什么时候降临。有可能走在路上，突然心脏骤停倒地不起了；也可能在高速上因疲劳驾驶的大卡车司机追尾，当场殒命；还可能在路上突然被飞来的异物砸中而丧命。坐飞机或火车时出事故会死，游泳时可能会淹死，甚至可能还没入水，就在湿滑的泳池边上滑倒，磕到头死于非命。登山时可能会失足跌落，睡梦中也可能迎来过劳死，手术失败也可能再也醒不过来，还有死于各种疾病，等等。

2014 年的"世越号事件"让人如此痛心的原因之一，就是遇难者中大多数是高中学生。在人们常说的"花样年华"或"豆蔻年华"，就早早凋谢，的确让人心痛。可为什么人们会认为高中毕业是人生开花之时呢？为什么我们会告诉孩子们，高中毕业前要忍耐呢？我们说这些话，大概是以为年轻人还有大把的时光。韩国人常说"生有时命无期"。无论老幼，没有人知道自己的寿命还有多长。但是，我们总认为死亡离我们还很遥远。

如果你认为死亡离自己很遥远，那就没法通过死亡使自己的生活充实起来。实际上，很多心理学实验中，人们读完关于死亡的文章后，会更倾向于遵守规则，会更在意自己的健康，会更关心别人。但如果读完关于死亡的文章之后，又读了一篇与死亡无关的文章，或者给予足够的时间让死亡意识淡下来，人们就会变得无视规则，追求眼前的快感，也不怎么关心他人了。

如果想让死亡变成祝福，想让死亡充实我们生活，那就要时刻提醒自己：死亡并不是遥远的某一天会到来的渺茫的事情，而是可能会随时降临的事情。

现在就让自己死而无憾

将死亡变成祝福的第三件事情，是思考一下如果死亡突如其来，你还有没有什么遗憾。

如果今天就是你人生的最后一天，你能做什么呢？仍然会上课做作业或上班干活儿吗？依然会打扫房间、烧饭、洗碗吗？还是抛开这种日常的生活，去做一些特别的事情呢？如果想到了什么特别的事情，那就别拖到明天，马上就去做吧！因为，今天剩下的时间里，会有无数的人死去，你也可能是他们中的一员。

如果你觉得就算到了生命的最后一天，也应该保持日常的生活状态，那今天也按平时那么过，也没什么问题。但如果你不是这么想的，却还在日常生活中挣扎，那也许你没有意识到今天完全有可能是你生命中的最后一天。

活得更好与死得更好

日本的临终关怀专家大津秀一在与 1 000 多名癌症晚期患者交谈后，把人们临终时后悔的事情整理成册，出版了《临终前会后悔的 25 件事》一书。据他说，人们临终时后悔的方面不是金钱地位，也不是没能享受华服豪车豪宅或进更好的名校。也就是说，没人会因为我们正在追求的东西而后悔。这是因为大津秀一遇到的这 1 000 多人，恰好都在这些方面得到了满足的人吗？

并非如此。只是，他们觉得在死亡面前，这些东西没有任何价值。人们后悔的是没能让自己的人生更充实，没能处理好与周围人的关系，没能珍惜自己的健康。

而我们在临终前又会后悔什么呢？如果我们能让自己的人生无悔，在死亡面前也可以骄傲地说活得很尽兴，那死亡就真成了最大的祝福了。

拥有这种人生的人，是苹果公司的创始人，已故的史蒂夫·乔布斯（Steve Jobs）。2005 年，在确诊患有胰腺癌一年之后，他在斯坦福大学的毕业典礼上致辞时说了如下这番话。

"17 岁那年，我读到一句格言，大意是：'如果把每一天都当成你生命的最后一天，终有一天你将如愿以偿。'这句话给我留下了很深的印象。在过去的 33 年里，我每天早晨都对着镜子问自己：'如果今天是我生命中的最后一天，我还会做我今天打算做的事情吗？'如果一连好多天答案都是'不'，我就知道我该做出改变了。

记住自己不久就将死去，这是帮我做出人生重大选择的最好的方法。因为几乎所有事情——外界的期待、内心的骄傲、对窘迫或失败的恐惧——在死亡面前，都会坍塌并消失，我们只需要留下那些真正重要的。把每天当作最后一天来过，这是我所知道的避免患得患失的最好方法。生命的最后一天，你已一无所有，还有什么理由不跟随自己的内心呢？"

史蒂夫·乔布斯把 17 岁时读到的格言铭记于心，在此后的 33 年里每天都反问自己。他在大家还不知电脑为何物时创办了苹果公司，之后从自己创办的公司里被赶出来，但他仍不停地挑战自我，最后重新回到苹果公司，推出了智能手机这一划时代产品。这一切，都归功于他每天早晨的那句反问。

我们觉得人生苦短，大概是因为太贪心，一心想着要活得更好。可活得更好到底是什么意思呢？通常，活得好不好，都是通过与他人的比较得出的结论：住比别人更好的房子，赚比别人更多的钱，过比别人更好的生活，得到比别人更多的认可。

但想活得更好的贪念反而会让自己活得更差，最终让人带着无尽遗憾离世。这又是一个悖论。所以，不妨换个方式，别想着"活得更好"，试着把人生目标定为"死得更好"。死得更好，不是说要死得安详没痛苦，而是要活得无怨无悔，随时可以坦然面对死亡。

中世纪欧洲的托钵修会最看重的信条是"Memento Mori"。这是一句拉丁语，意思是"记住你终有一死"，它提醒人们要珍惜有限的生命。

提出死亡五部曲的库伯勒·罗斯在目睹了无数人的死亡后说："死亡是最后的成长机会。"死亡到底是了结我们人生的诅咒，还是通往新生活的祝福，这取决于我们自己。对直面死亡的人来说，死亡无疑是最大的祝福。

本章要点

▸ 死亡拥有至高无上的权利，能左右我们的人生。

▸ 人们陷在日常生活中疲于奔命，常会无视死亡。

▸ 长久以来，人类都是很自然地接受死亡的，但现代社会让人们主动无视死亡。

▸ 人们不太能接受自己的死亡，所以面对死亡时会经历否认、愤怒、讨价还价、沮丧和接受等阶段。

▸ 但是死亡可以说是最大的祝福，可以让我们更专注于生活。

▸ 想要把死亡变成祝福，要承认自己也会死且死亡随时会降临，所以要努力活得死而无憾。

▸ 如果一心只想着活得更好，只能活得更艰难。把无怨无悔地死去作为人生目标，反而能生活得更好。